今すぐ使えるかんたんmini

Imasugu Tsukaeru Kantan mini Series

Word 2019 基本技

技術評論社

本書の使い方

- 画面の手順解説だけを読めば、操作できるようになる！
- もっと詳しく知りたい人は、補足説明を読んで納得！
- これだけは覚えておきたい機能を厳選して紹介！

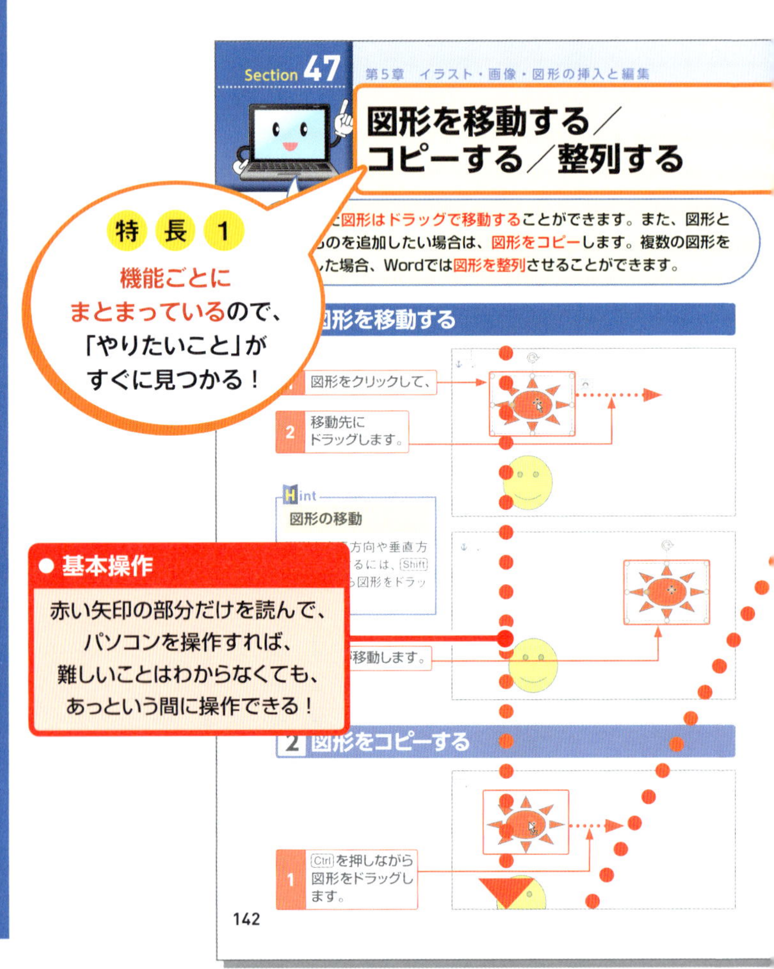

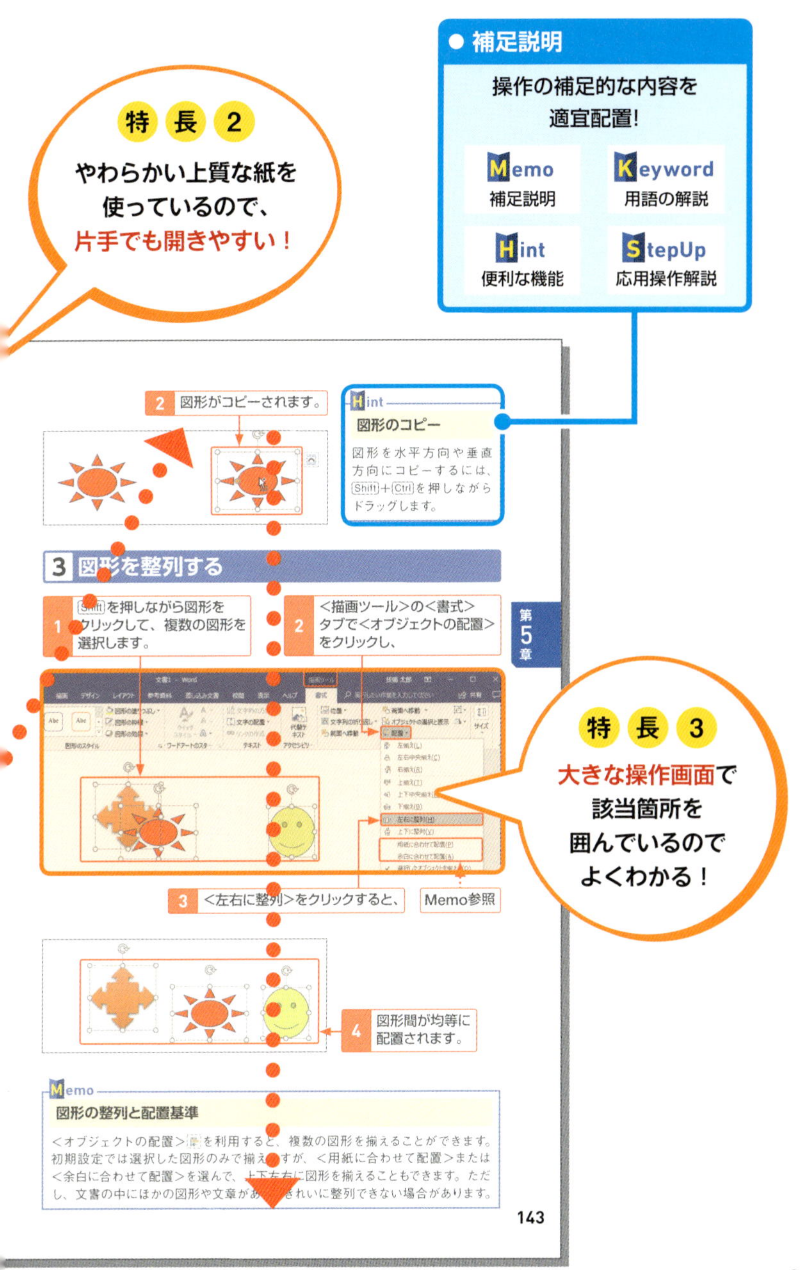
特 長 2
やわらかい上質な紙を
使っているので、
片手でも開きやすい！
● 補足説明
操作の補足的な内容を
適宜配置!
Memo
補足説明
Keyword
用語の解説
Hint
便利な機能
StepUp
応用操作解説
2 図形がコピーされます。
Hint
図形のコピー
図形を水平方向や垂直方向にコピーするには、Shift+Ctrlを押しながらドラッグします。
3 図形を整列する
1 Shiftを押しながら図形をクリックして、複数の図形を選択します。
2 <描画ツール>の<書式>タブで<オブジェクトの配置>をクリックし、
第5章
特 長 3
大きな操作画面で
該当箇所を
囲んでいるので
よくわかる！
3 <左右に整列>をクリックすると、
Memo参照
4 図形間が均等に配置されます。
Memo
図形の整列と配置基準
<オブジェクトの配置>を利用すると、複数の図形を揃えることができます。初期設定では選択した図形のみで揃えますが、<用紙に合わせて配置>または<余白に合わせて配置>を選んで、上下左右に図形を揃えることもできます。ただし、文書の中にほかの図形や文章があるときれいに整列できない場合があります。
143

パソコンの基本操作

- 本書の解説は、基本的にマウスを使って操作することを前提としています。
- お使いのパソコンのタッチパッド、タッチ対応モニターを使って操作する場合は、各操作を次のように読み替えてください。

1 マウス操作

▼ クリック（左クリック）

クリック（左クリック）の操作は、画面上にある要素やメニューの項目を選択したり、ボタンを押したりする際に使います。

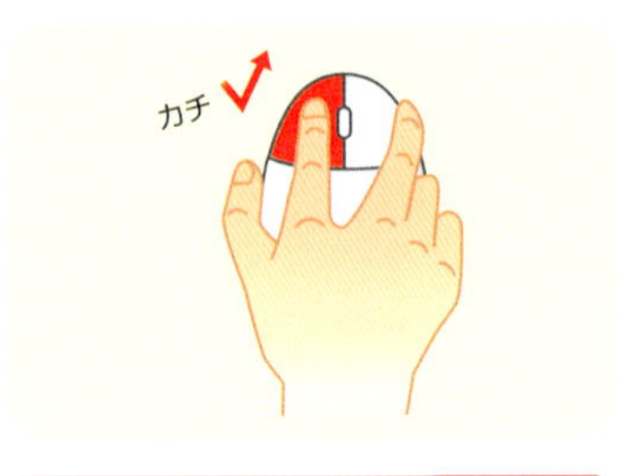

マウスの左ボタンを1回押します。

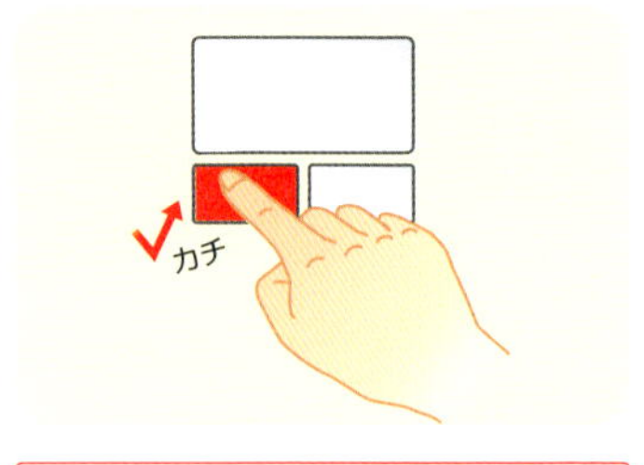

タッチパッドの左ボタン（機種によっては左下の領域）を1回押します。

▼ 右クリック

右クリックの操作は、操作対象に関する特別なメニューを表示する場合などに使います。

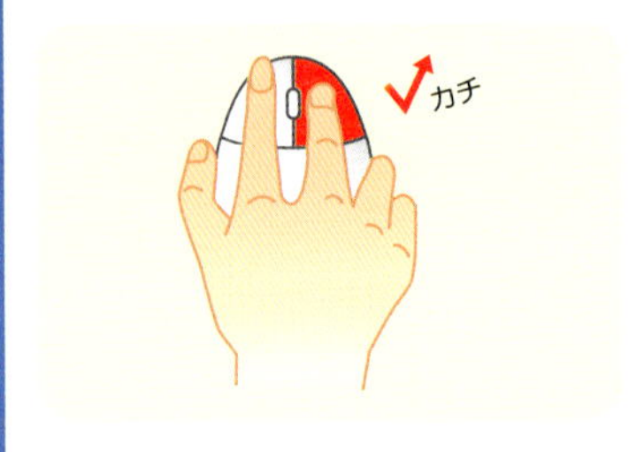

マウスの右ボタンを1回押します。

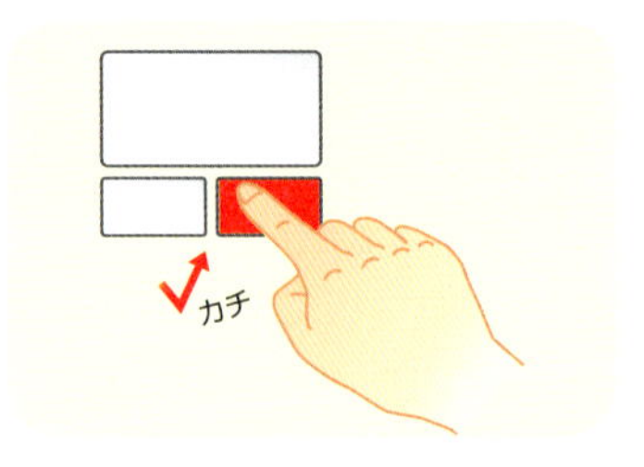

タッチパッドの右ボタン（機種によっては右下の領域）を1回押します。

▼ダブルクリック

ダブルクリックの操作は、各種アプリを起動したり、ファイルやフォルダーなどを開く際に使います。

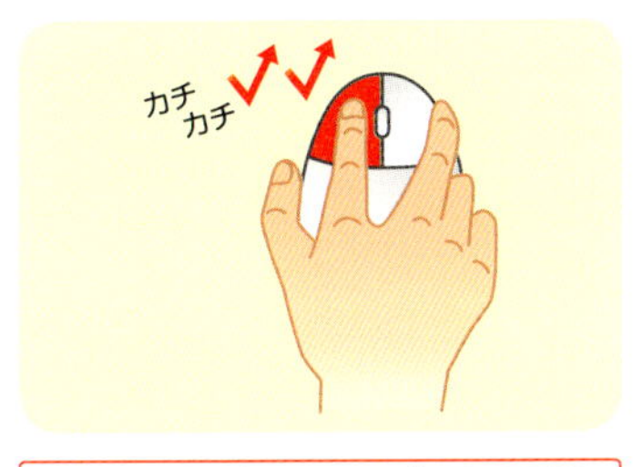

マウスの左ボタンをすばやく2回押します。

タッチパッドの左ボタン(機種によっては左下の領域)をすばやく2回押します。

▼ドラッグ

ドラッグの操作は、画面上の操作対象を別の場所に移動したり、操作対象のサイズを変更する際などに使います。

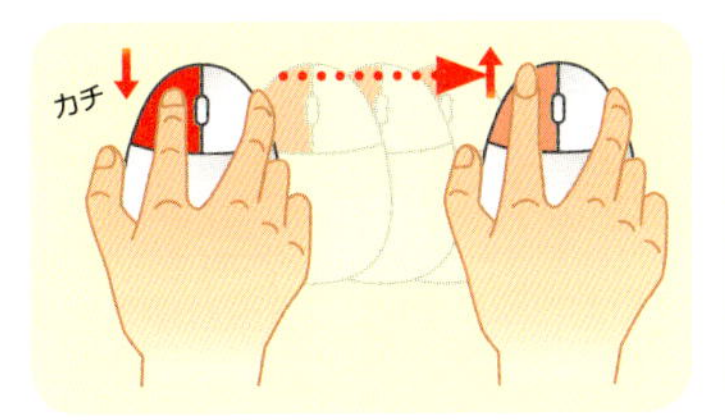

マウスの左ボタンを押したまま、マウスを動かします。目的の操作が完了したら、左ボタンから指を離します。

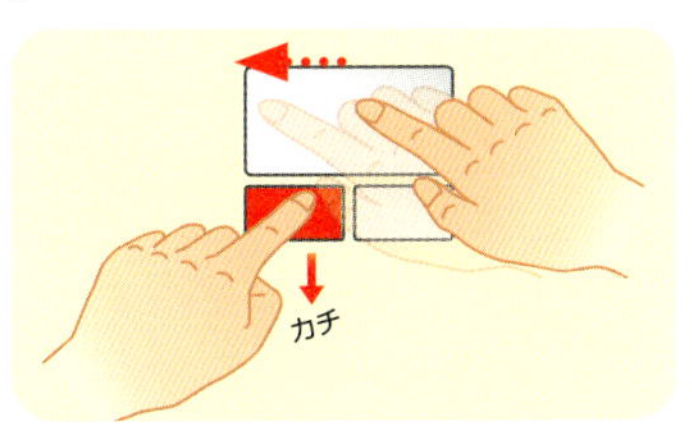

タッチパッドの左ボタン(機種によっては左下の領域)を押したまま、タッチパッドを指でなぞります。目的の操作が完了したら、左ボタンから指を離します。

Memo

ホイールの使い方

ほとんどのマウスには、左ボタンと右ボタンの間にホイールが付いています。ホイールを上下に回転させると、Webページなどの画面を上下にスクロールすることができます。そのほかにも、Ctrlを押しながらホイールを回転させると、画面を拡大／縮小したり、フォルダーのアイコンの大きさを変えたりできます。

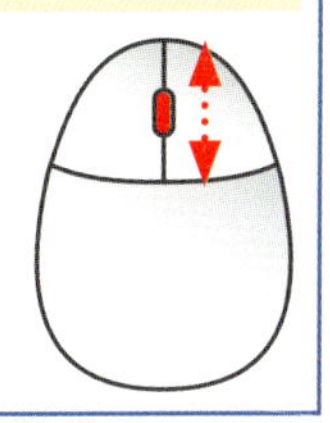

2 利用する主なキー

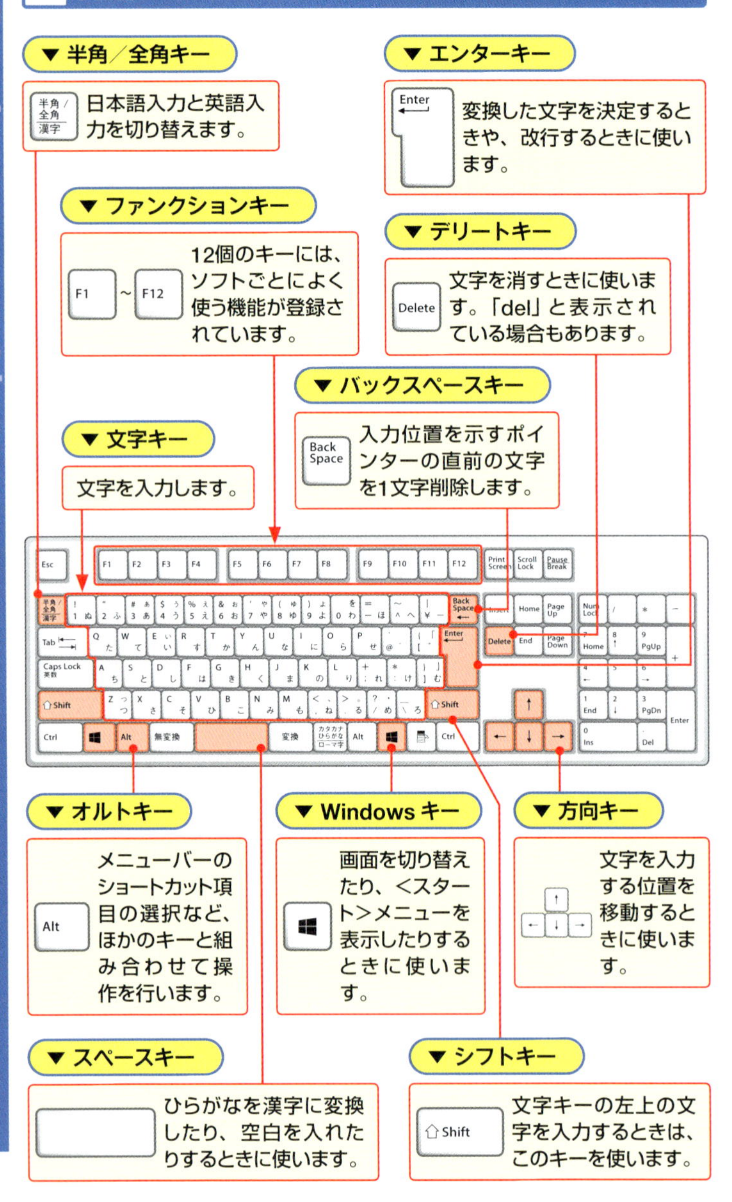

▼ 半角／全角キー
半角／全角 漢字
日本語入力と英語入力を切り替えます。
▼ エンターキー
Enter
変換した文字を決定するときや、改行するときに使います。
▼ ファンクションキー
F1 ~ F12
12個のキーには、ソフトごとによく使う機能が登録されています。
▼ デリートキー
Delete
文字を消すときに使います。「del」と表示されている場合もあります。
▼ バックスペースキー
Back Space
入力位置を示すポインターの直前の文字を1文字削除します。
▼ 文字キー
文字を入力します。
▼ オルトキー
Alt
メニューバーのショートカット項目の選択など、ほかのキーと組み合わせて操作を行います。
▼ Windows キー
画面を切り替えたり、<スタート>メニューを表示したりするときに使います。
▼ 方向キー
文字を入力する位置を移動するときに使います。
▼ スペースキー
ひらがなを漢字に変換したり、空白を入れたりするときに使います。
▼ シフトキー
Shift
文字キーの左上の文字を入力するときは、このキーを使います。

3 タッチ操作

▼ タップ

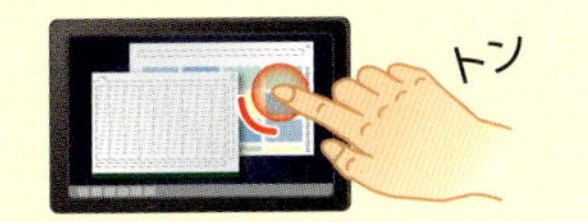

画面に触れてすぐ離す操作です。ファイルなど何かを選択するときや、決定を行う場合に使用します。マウスでのクリックに当たります。

▼ ダブルタップ

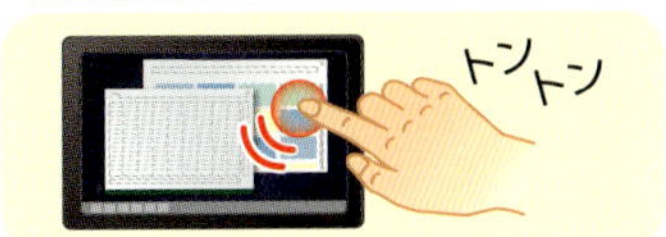

タップを2回繰り返す操作です。各種アプリを起動したり、ファイルやフォルダーなどを開く際に使用します。マウスでのダブルクリックに当たります。

▼ ホールド

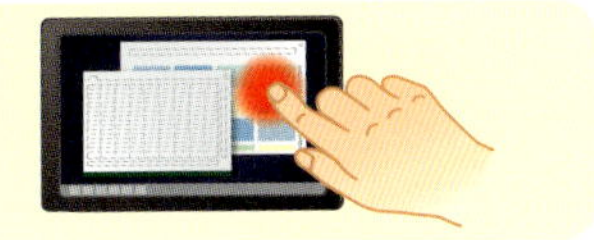

画面に触れたまま長押しする操作です。詳細情報を表示するほか、状況に応じたメニューが開きます。マウスでの右クリックに当たります。

▼ ドラッグ

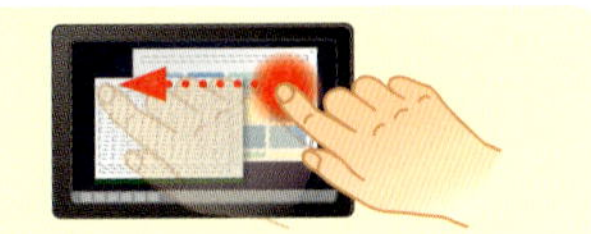

操作対象をホールドしたまま、画面の上を指でなぞり上下左右に移動します。目的の操作が完了したら、画面から指を離します。

▼ スワイプ／スライド

画面の上を指でなぞる操作です。ページのスクロールなどで使用します。

▼ フリック

画面を指で軽く払う操作です。スワイプと混同しやすいので注意しましょう。

▼ ピンチ／ストレッチ

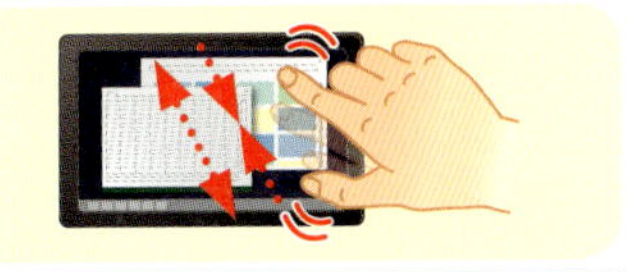

2本の指で対象に触れたまま指を広げたり狭めたりする操作です。拡大（ストレッチ）／縮小（ピンチ）が行えます。

▼ 回転

2本の指先を対象の上に置き、そのまま両方の指で同時に右または左方向に回転させる操作です。

サンプルファイルのダウンロード

●本書で使用しているサンプルファイルは、以下のURLのサポートページからダウンロードすることができます。ダウンロードしたときは圧縮ファイルの状態なので、展開してから使用してください。

https://gihyo.jp/book/2019/978-4-297-10606-5/support

▼サンプルファイルをダウンロードする

1 ブラウザー（ここではMicrosoft Edge）を起動します。

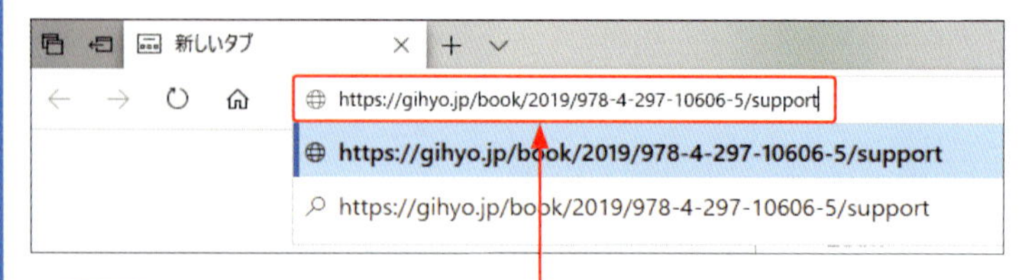

2 ここをクリックしてURLを入力し、Enterを押します。

3 表示された画面をスクロールし、<ダウンロード>にある<サンプルファイル>をクリックします。

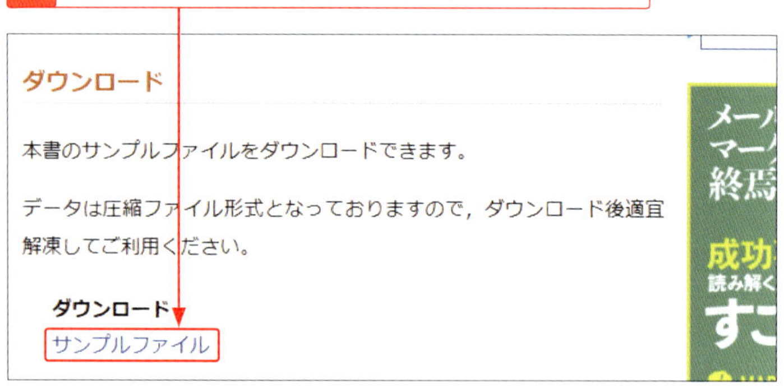

4 <開く>をクリックすると、ファイルがダウンロードされます。

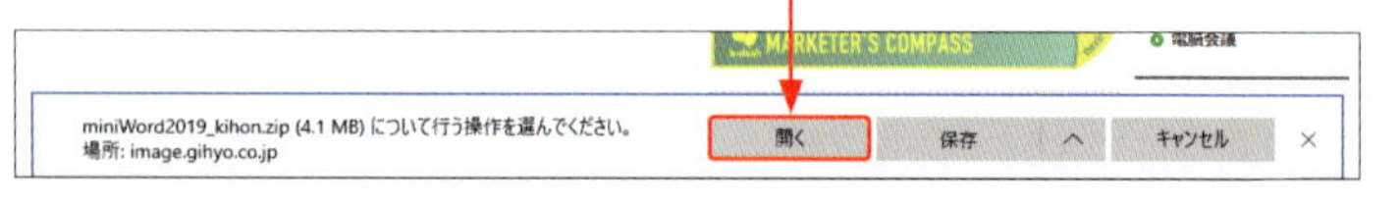

▼ダウンロードした圧縮ファイルを展開する

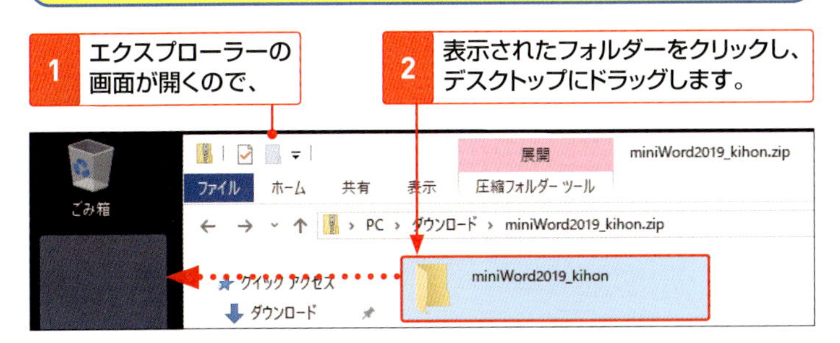

Memo

保護ビューが表示された場合

サンプルファイルを開くと、図のようなメッセージが表示される場合があります。<編集を有効にする>をクリックすると、本書と同様の画面表示になります。

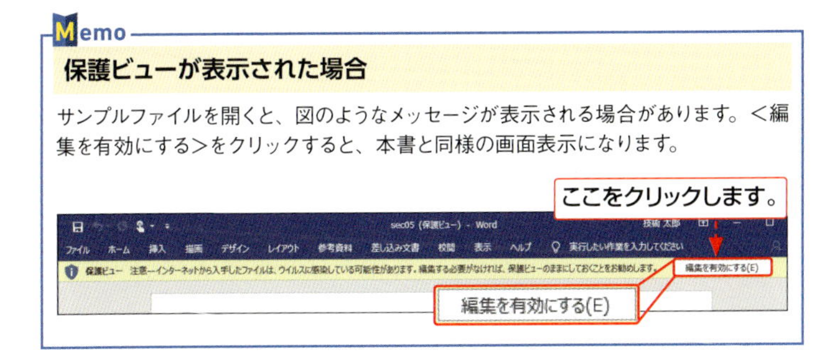

CONTENTS 目次

第1章 Word 2019の基本操作

CONTENTS 目次

第3章 文字の配置と印刷

CONTENTS 目次

第4章 文書のデザイン

第5章 イラスト・画像・図形の挿入と編集

第6章 表の作成と編集

CONTENTS 目次

第7章 覚えておくと便利なテクニック

ご注意：ご購入・ご利用の前に必ずお読みください

- 本書に記載された内容は、情報の提供のみを目的としています。したがって、本書を用いた運用は、必ずお客様自身の責任と判断によって行ってください。これらの情報の運用の結果について、技術評論社および著者はいかなる責任も負いません。
- ソフトウェアに関する記述は、特に断りのないかぎり、2019年5月末日現在での最新バージョンをもとにしています。ソフトウェアはバージョンアップされる場合があり、本書での説明とは機能内容や画面図などが異なってしまうこともあり得ます。あらかじめご了承ください。
- インターネットの情報についてはURLや画面等が変更されている可能性があります。ご注意ください。

以上の注意事項をご承諾いただいた上で、本書をご利用願います。これらの注意事項をお読みいただかずに、お問い合わせいただいても、技術評論社は対処しかねます。あらかじめ、ご承知おきください。

第1章

Word 2019の基本操作

Wordとは?

Wordは、世界中で広く利用されているワープロソフトです。文字装飾や文章の構成を整える機能はもちろん、図形描画、イラストや画像の挿入、表作成など、多彩な機能を備えています。

1 Wordは高機能なワープロソフト

文章を入力します。

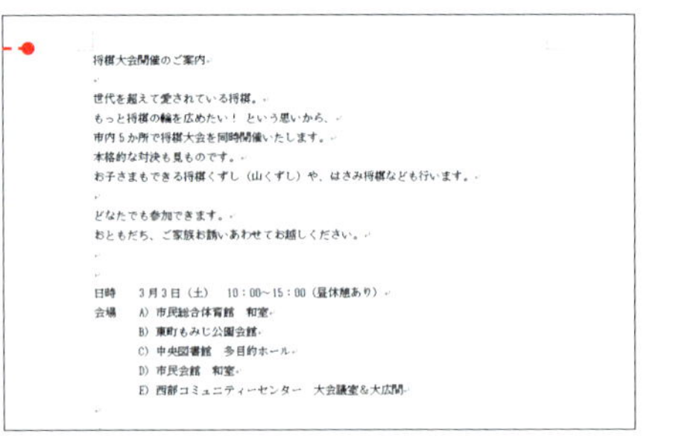

将棋大会開催のご案内

世代を超えて愛されている将棋。
もっと将棋の輪を広めたい! という思いから、
市内5か所で将棋大会を同時開催いたします。
本格的な対決も見ものです。
お子さまもできる将棋くずし(山くずし)や、はさみ将棋なども行います。

どなたでも参加できます。
おともだち、ご家族お誘いあわせてお越しください。

日時　3月3日(土)　10:00~15:00(昼休憩あり)
会場　A)市民総合体育館　和室
B)東町もみじ公園会館
C)中央図書館　多目的ホール
D)市民会館　和室
E)西部コミュニティーセンター　大会議室&大広間

Keyword

Word 2019

「Word 2019」は、ビジネスソフトの統合パッケージである最新の「Microsoft Office」に含まれるワープロソフトです。

文字装飾機能などを使って、文書を仕上げます。

将棋大会開催のご案内

世代を超えて愛されている将棋。
もっと将棋の輪を広めたい! という思いから、
市内5か所で将棋大会を同時開催いたします。
本格的な対決も見ものです。
お子さまもできる将棋くずし(山くずし)や、はさみ将棋なども行います。

どなたでも参加できます。
おともだち、ご家族お誘いあわせてお越しください。

- 日時　3月3日(土)　10:00~15:00(昼休憩あり)
- 会場　A)市民総合体育館　和室
  B)東町もみじ公園会館
  C)中央図書館　多目的ホール
  D)市民会館　和室
  E)西部コミュニティーセンター　大会議室&大広間

主催/まかべ市将棋市民連盟
お問い合わせ:001-223-4455

Keyword

ワープロソフト

パソコン上で文書を作成し、印刷するためのアプリを「ワープロソフト」と呼びます。

2 Wordではこんなことができる

文字の書式を設定できます。

テキストボックスを挿入して、縦書きの文字を挿入することができます。

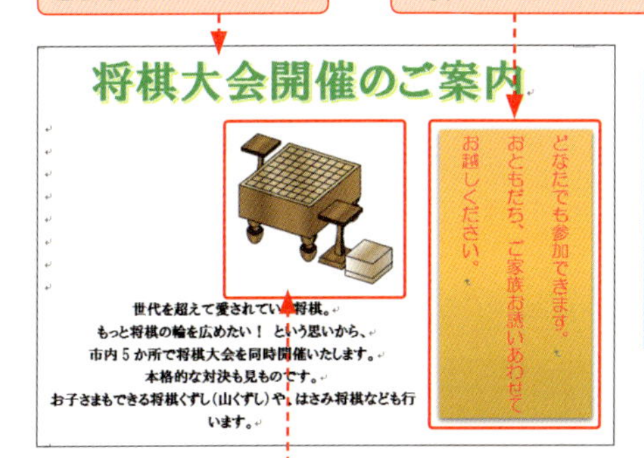

将棋大会開催のご案内

どなたでも参加できます。
おともだち、ご家族お誘いあわせて
お越しください。

世代を超えて愛されている将棋。
もっと将棋の輪を広めたい！ という思いから、
市内５か所で将棋大会を同時開催いたします。
本格的な対決も見ものです。
お子さまもできる将棋くずし(山くずし)や、はさみ将棋なども行います。

イラストや画像などを挿入できます。

> **Memo**
> ### 豊富な文字装飾機能
> Word 2019には、ワープロソフトに欠かせない文字装飾機能や、文字列に視覚効果を適用する機能があります(第4章参照)。

箇条書きに記号や番号を設定できます。

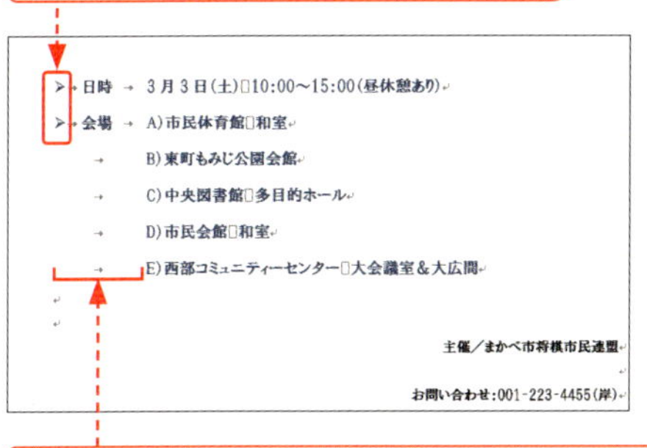

- 日時 → 3月3日(土) 10:00～15:00(昼休憩あり)
- 会場 → A)市民体育館 和室
  - → B)東町もみじ公園会館
  - → C)中央図書館 多目的ホール
  - → D)市民会館 和室
  - → E)西部コミュニティーセンター 大会議室＆大広間

主催／まかべ市将棋市民連盟

お問い合わせ:001-223-4455(岸)

タブを挿入して、文字列の先頭を揃えることができます。

> **Memo**
> ### 文書を効果的に見せるさまざまな機能
> 文書にイラストや画像などを挿入したり、挿入した画像にアート効果を適用したりできます(第5章参照)。

表を作成できます。

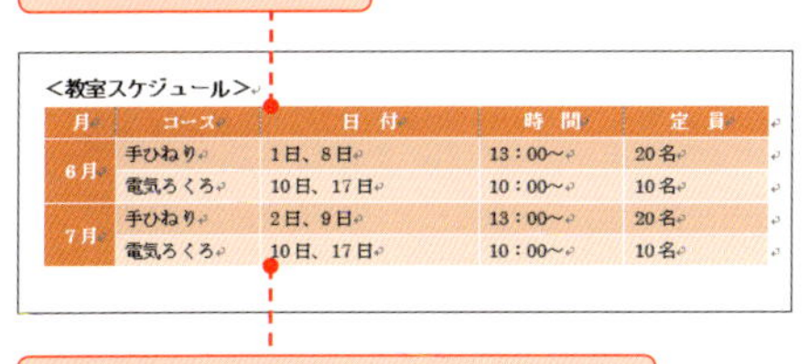

<教室スケジュール>

月	コース	日 付	時 間	定 員
6月	手ひねり	1日、8日	13：00～	20名
	電気ろくろ	10日、17日	10：00～	10名
7月	手ひねり	2日、9日	13：00～	20名
	電気ろくろ	10日、17日	10：00～	10名

表にスタイルを施すことができます。

> **Memo**
> ### 表の作成機能
> 表やグラフ(本書では省略)をかんたんに作成することができます。また、表を編集することも可能です(第6章参照)。

Wordでの文書作成の流れ

Wordで文書を作成するには、まずページ設定を行い、文字を入力して書式を整えます。この文書は随時保存し、必要に応じてイラストや画像、表を挿入します。文書が完成したら、印刷します。

1 新しい文書を表示する

Wordを起動して、<白紙の文書>（<ファイル>タブの<新規>）をクリックします。

2 ページを設定する

文書を作成する前に、用紙のサイズや余白などを設定します。

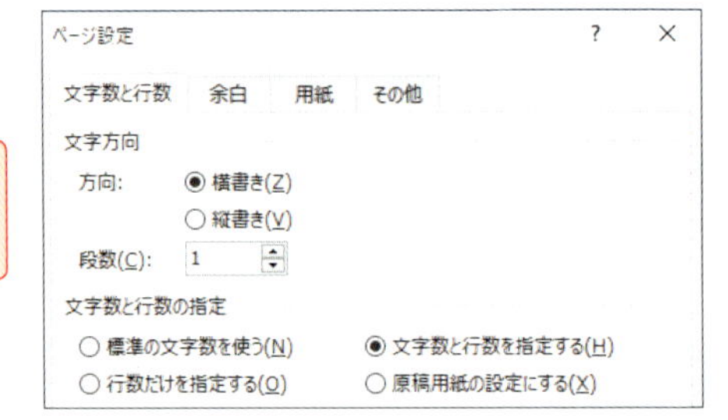

3 文書を作成する

文字を入力して、文字のサイズや種類などの書式を整えます。

将棋大会開催のご案内

世代を超えて愛されている将棋。
もっと将棋の輪を広めたい！ という思いから、
市内 5 か所で将棋大会を同時開催いたします。
本格的な対決も見ものです。
お子様でもできる将棋くずし（山くずし）や、はさみ将棋なども行います。

4 文書を保存する

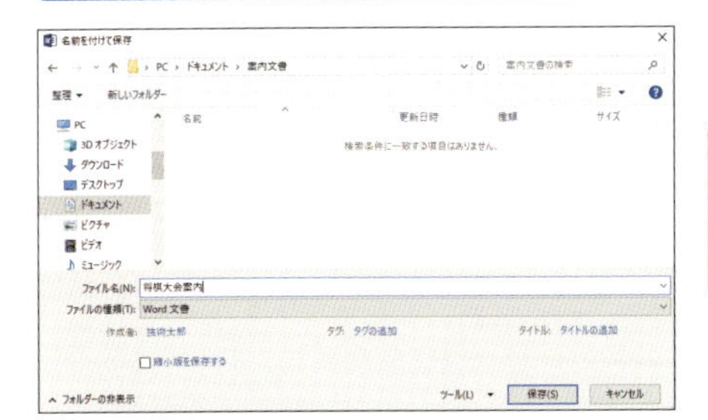

作成した文書に名前を付けて保存します。編集を行ったら、随時上書き保存しておきます。

5 イラストや画像、表を挿入する

デザイン文字やイラスト、画像などを挿入ます。そのほか、図や表を作成します。

6 文書を印刷する

完成した文書を印刷します。印刷する前に、印刷イメージと印刷設定を確認します。

Word 2019を起動する／終了する

Wordを起動するには、Windows 10のスタートメニューに登録されている<Word>をクリックします。Wordを終了するには、<閉じる> ✕ をクリックします。

1 Word 2019を起動して白紙の文書を開く

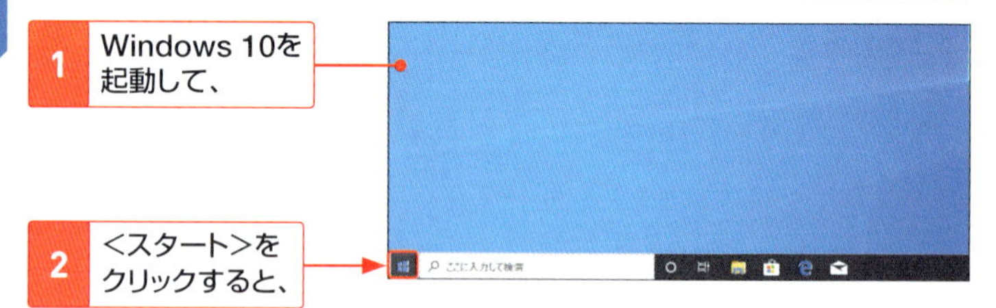

1 Windows 10を起動して、

2 <スタート>をクリックすると、

3 スタートメニューが表示されます。

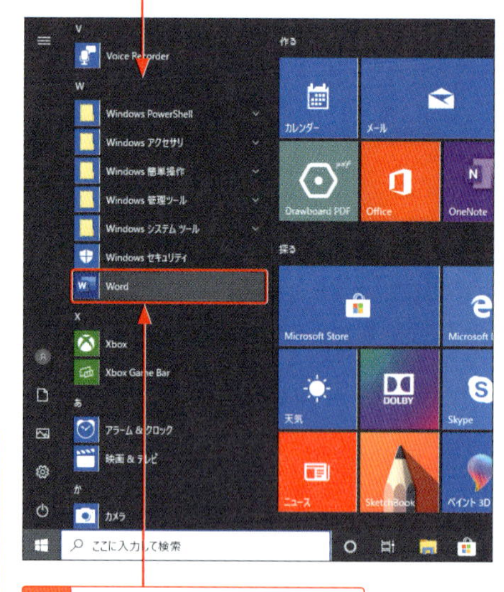

4 <Word>をクリックすると、

Memo

Word 2019の環境

Word 2019は、Windows 10のみに対応しています。Windows 8.1などでは利用できません。

5 Word 2019が起動して、スタート画面が開きます。

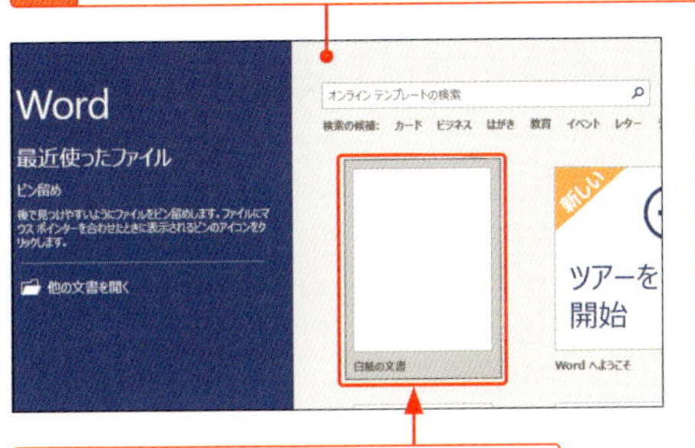

6 <白紙の文書>をクリックすると、

7 新しい文書が表示されます。

Memo タスクバーからWord 2019を起動する

Word 2019を起動すると、Wordのアイコンがタスクバーに表示されます。アイコンを右クリックして、<タスクバーにピン留めする>をクリックすると、Wordを終了しても常に表示されるのでクリックするだけで起動できます。

2 Word 2019を終了する

1 <閉じる>をクリックします。

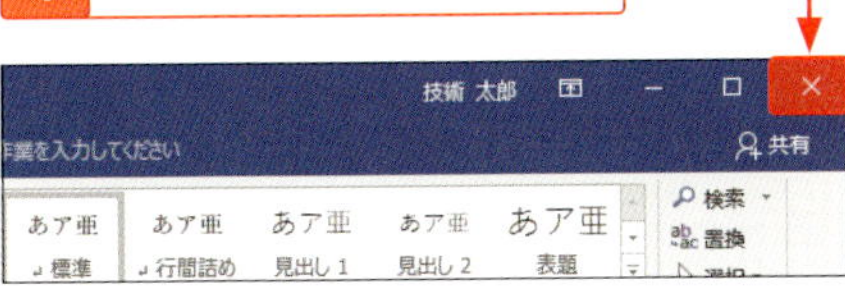

2 Word 2019が終了して、デスクトップ画面に戻ります。

Memo 複数の文書の場合

複数の文書を開いている場合は、<閉じる>をクリックした文書だけが閉じて、Wordは終了しません。

Hint そのほかの終了方法

<ファイル>タブをクリックして、<閉じる>をクリックしても終了できます。

Word 2019の画面構成

Word 2019の**基本画面**は、機能を実行するための**リボン**（**タブ**で切り替わる**コマンド**の領域）と、文字を入力する文書の2つで構成されています。

1 Word 2019の基本的な画面構成

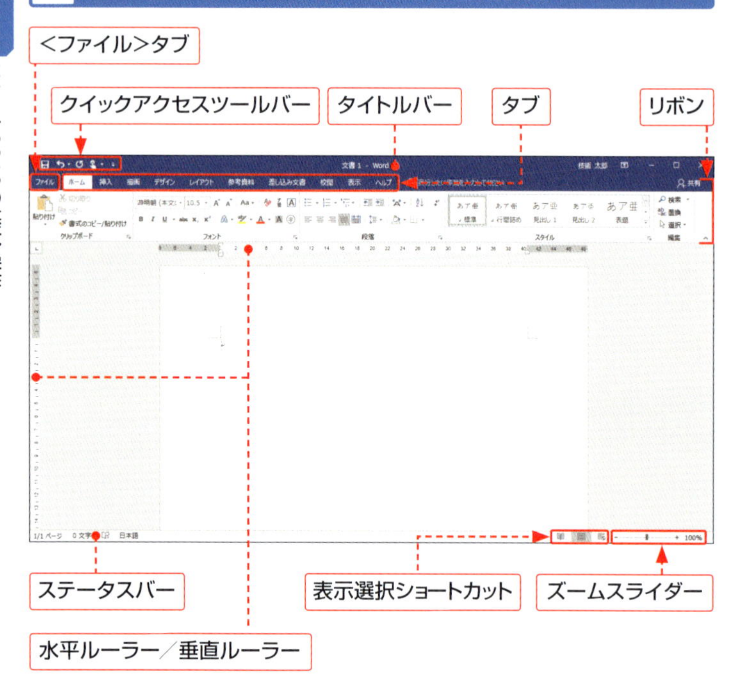

※ タブやリボンに表示される内容は、画面のサイズによって名称や表示方法が自動的に変わります。

※ 水平ルーラー／垂直ルーラーは、初期設定では表示されません。<表示>タブの<ルーラー>をクリックしてオンにすると表示されます。

※<描画>タブは、タッチ対応のパソコンの初期設定によって表示されます。本書では使用しません。

名　称	機　能
クイックアクセスツールバー	＜上書き保存＞、＜元に戻す＞、＜やり直し＞（または＜繰り返し＞）のほか、頻繁に使うコマンドを追加／削除できます。
タイトルバー	現在作業中のファイルの名前が表示されます。
タブ	初期設定では11（または10）のタブが用意されています。タブをクリックしてリボンを切り替えます。＜ファイル＞タブの操作は下図を参照。
リボン	目的別のコマンドが、機能別に分類されて配置されています。
水平ルーラー／垂直ルーラー	水平ルーラーはタブやインデントの設定を行い、垂直ルーラーは余白の設定や表の行の高さを変更します。
ステータスバー	カーソル位置の情報や、文字入力の際のモードなどを表示します。ステータスバーを右クリックすると、表示項目の表示／非表示を設定できます。
表示選択ショートカット	文書の表示モード（＜閲覧モード＞＜印刷レイアウト＞＜Webレイアウト＞）を切り替えます。

＜ファイル＞タブ

＜ファイル＞タブをクリックすると、ファイルに関するメニューが表示されます。メニューの項目をクリックすると、右側のBackstageビューと呼ばれる画面に、項目に関する情報や操作が表示されます。

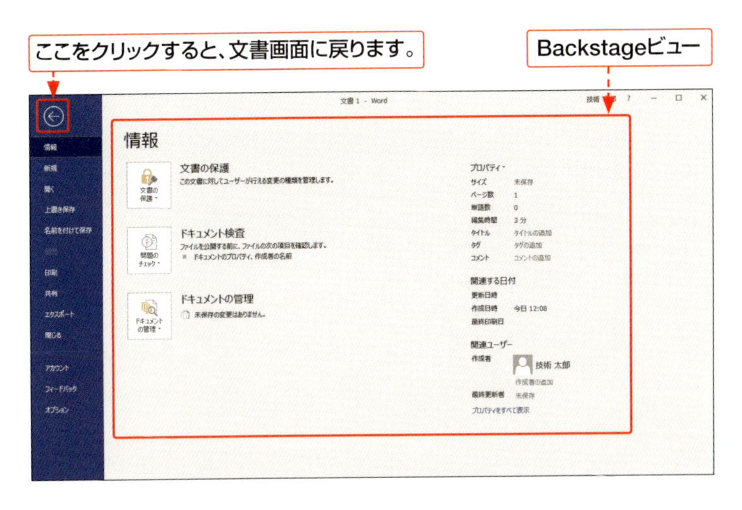

文書の表示倍率と表示モード

画面の表示倍率は、画面右下のズームスライダーや<ズーム>を使って変更できます。また、**文書の表示モード**は5種類あり、目的によって切り替えます（通常は<印刷レイアウト>モード）。

1 表示倍率を変更する

1 このスライダーをドラッグします。

<拡大>⊞、<縮小>⊟をクリックすると、文書の表示倍率が10%ずつ拡大・縮小します。

2 表示倍率が変更されます。

ここに倍率が表示されます。

Hint <ズーム>を利用する

<表示>タブの<ズーム>グループにある<ズーム>や、スライダー横の倍率が表示されている部分をクリックすると表示される<ズーム>ダイアログボックスでも、表示倍率を変更することができます。

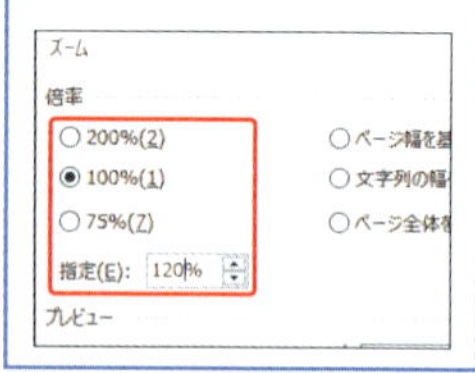

2 文書の表示モードを切り替える

初期設定では、<印刷レイアウト>モードで表示されます。

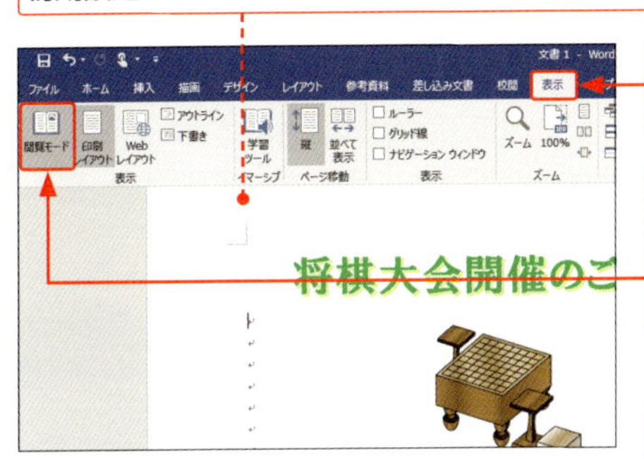

1 <表示>タブをクリックして、

2 目的のコマンド（ここでは<閲覧モード>）をクリックします。

3 表示モードが切り替わります。

Hint

表示選択ショートカットを利用する

画面右下の表示選択ショートカットをクリックしても、表示モードを切り替えられます。

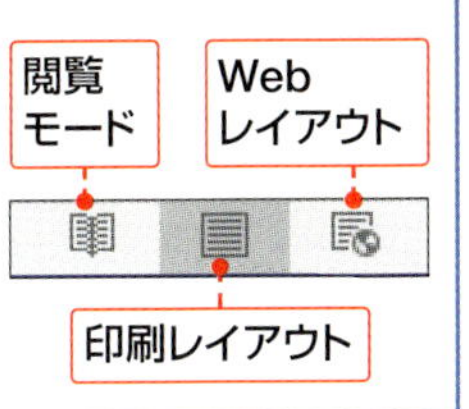

Memo

文書の表示モード

Word 2019の文書の表示モードには、以下の5種類があります。

表示モード	説　明
閲覧モード	文書を画面上で読むのに最適な表示モードで、複数ページでは横方向にページをめくるように閲覧できます。
印刷レイアウト	印刷結果のイメージに近い画面で表示されます（初期設定）。
Webレイアウト	Webページのレイアウトで文書を表示できます。
アウトライン	文書の階層構造を見やすく表示するモードです。
下書き	イラストや画像などを省いて、本文だけが表示されます。

リボンの基本操作

Wordのほとんどの機能は**リボン**の中に用意されている**コマンド**から実行できます。リボンに用意されていない機能は、詳細設定のダイアログボックスや作業ウィンドウで設定します。

1 リボンから設定画面を表示する

1 グループの右下にある をクリックすると、

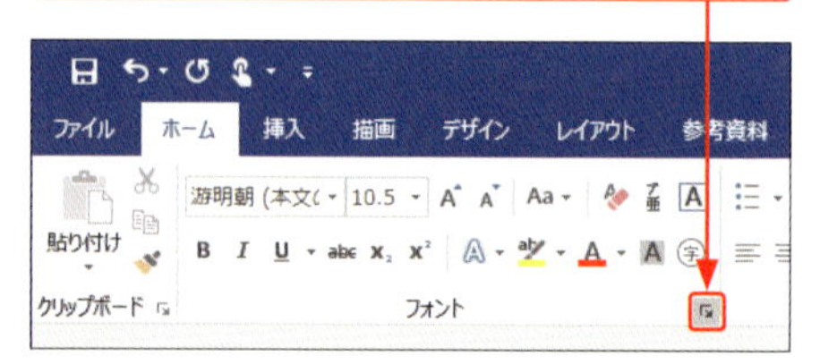

2 タブに用意されていない詳細設定を行うことができます。

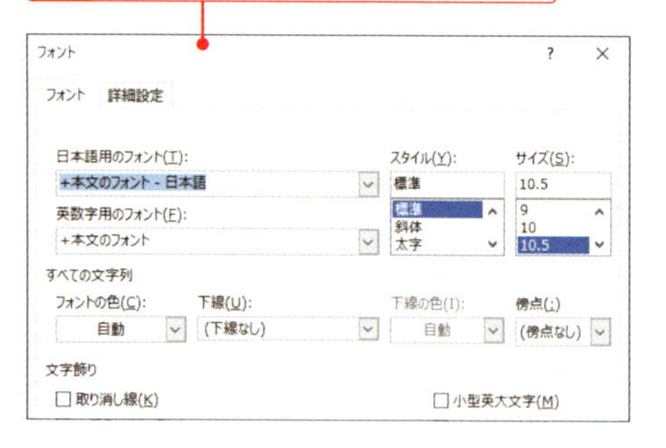

Memo 追加のオプション設定

表示されている以外に追加のオプションがある場合は、各グループの右下に が表示されます。

Hint 作業に応じて追加表示されるタブ

基本的なタブのほかに、表を扱う際には<表ツール>の<デザイン>や<レイアウト>タブ、図を扱う際には<描画ツール>の<書式>タブなどが表示されます。

Memo リボン

Word 2019のタブは初期設定で11(タッチ非対応は10)種類あり、用途別のコマンドが「グループ」に分かれています。目的に合わせてコマンドをクリックし、機能の実行や設定画面の表示を行います。

2 リボンの表示／非表示を切り替える

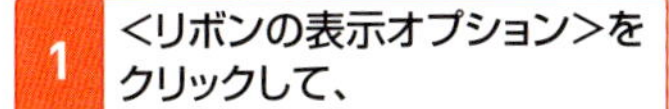

1 ＜リボンの表示オプション＞をクリックして、

2 ＜タブの表示＞をクリックします。

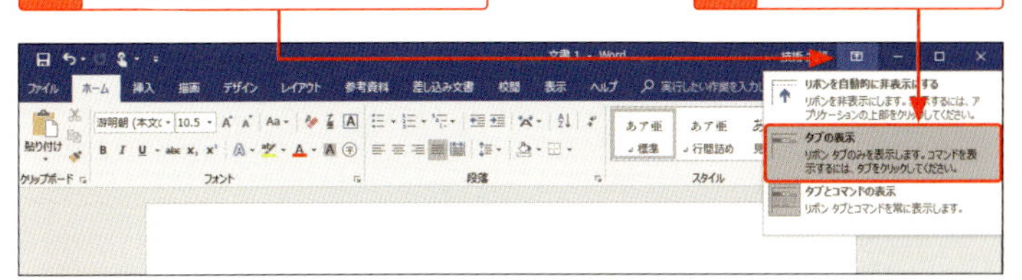

3 リボンのコマンド部分が非表示になり、タブのみが表示されます。

4 ＜リボンの表示オプション＞をクリックして、

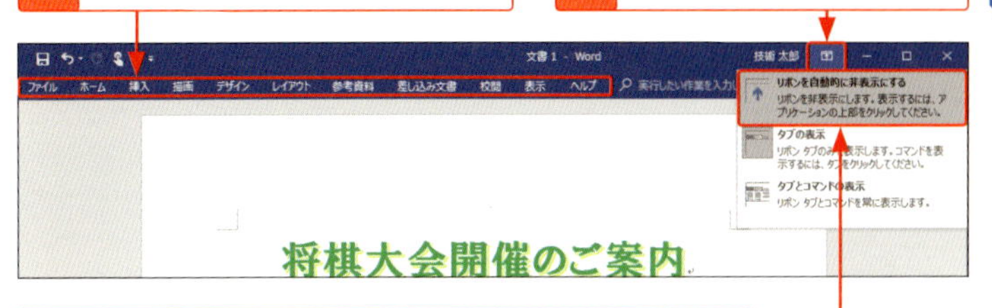

5 ＜リボンを自動的に非表示にする＞をクリックすると、

6 文書のみが表示されます。

7 ＜リボンの表示オプション＞をクリックして、

8 ＜タブとコマンドの表示＞をクリックすると、通常の表示になります。

Hint

リボンの表示の切り替え

文書画面を広く使いたい場合に、タブのみの表示にしたり、全画面表示にしたりすることができます。手順 3 では、＜ファイル＞以外のタブをクリックすると一時的にリボンが表示され、操作を終えるとまた非表示になります。

操作をもとに戻す／やり直す／繰り返す

操作をやり直したい場合は、クイックアクセスツールバーの＜元に戻す＞や＜やり直し＞を使います。また、同じ操作を続けて行う場合は、＜繰り返し＞を利用すると便利です。

1 操作をもとに戻す

Delete で1文字ずつ「市民総合」を削除しました。

1 ここをクリックして、

2 戻したい操作までドラッグすると、

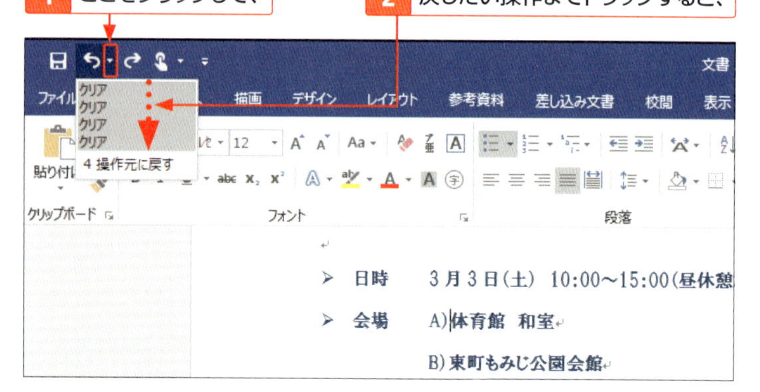

3 指定した操作の前の状態に戻ります。

日時　3月3日(土)　10:00～15:00(昼休憩

会場　A)市民総合体育館　和室

Memo 操作をもとに戻す

＜元に戻す＞をクリックするたびに、直前に行った操作を100ステップまで取り消すことができます。また、手順2のように複数の操作を一度に取り消すことができます。ただし、ファイルを閉じるともとに戻せません。

2 操作をやり直す

もとに戻した「市民総合」を再び削除します。

1 ここをクリックすると、

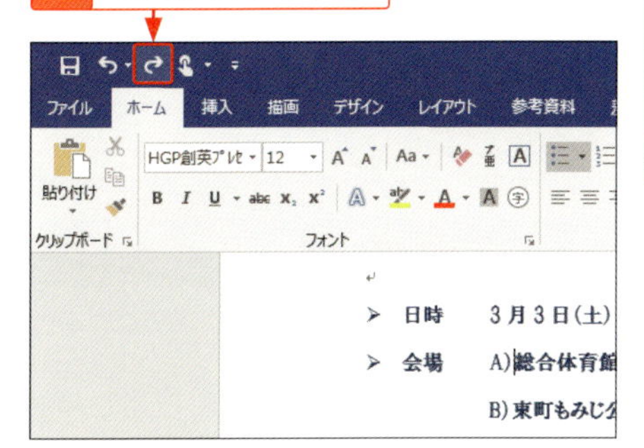

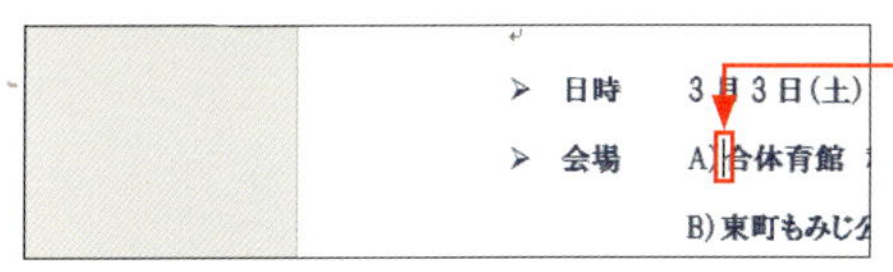

2 1つ前の操作が取り消されます（1文字分戻す）。

Memo 操作をやり直す

<やり直し>をクリックすると、取り消した操作を順にやり直せます。ただし、ファイルを閉じるとやり直せません。

3 操作を繰り返す

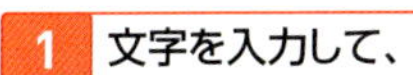

1 文字を入力して、

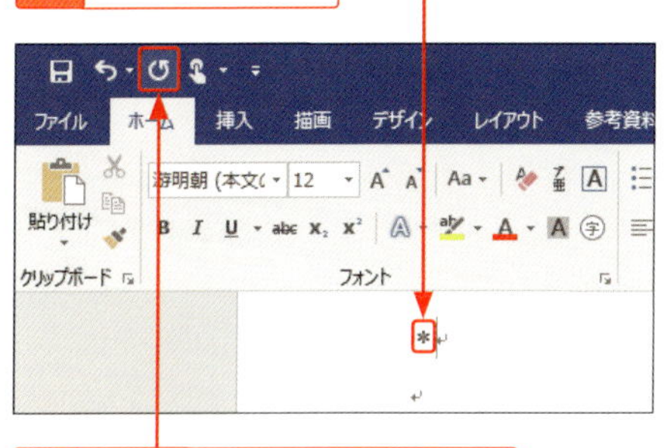

2 <繰り返し>をクリックすると、

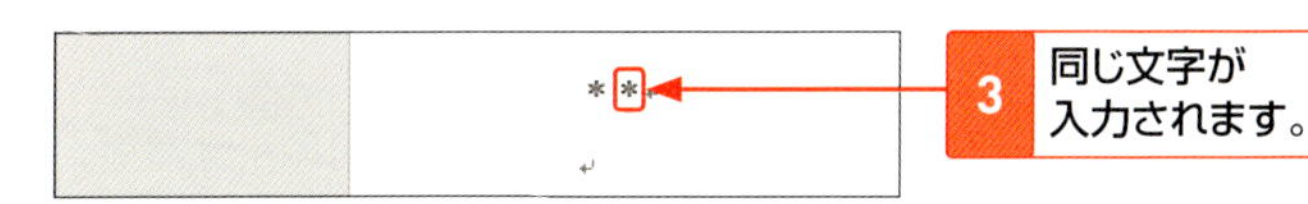

3 同じ文字が入力されます。

Memo 操作を繰り返す

入力や削除、書式設定などの操作を行うと、<繰り返し>が表示されます。次の操作を行うまで、何度でも同じ操作を繰り返せます。

文書を保存する

ファイルの保存には、作成したファイルや編集したファイルを新規ファイルとして保存する名前を付けて保存と、ファイル名はそのままでファイルの内容を更新する上書き保存があります。

1 名前を付けて保存する

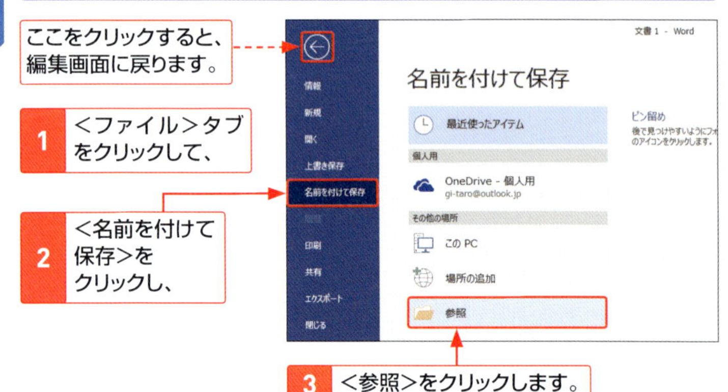

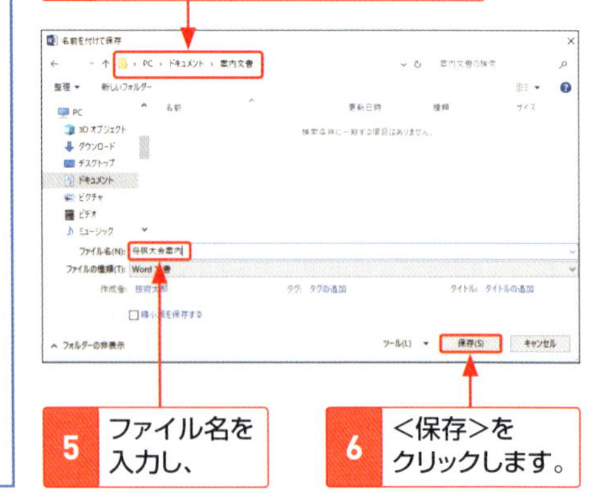

Hint フォルダーを作成するには?

ファイルの保存先として、フォルダー内に新しくフォルダーを作成することができます。＜新しいフォルダー＞をクリックして、名前を入力します。

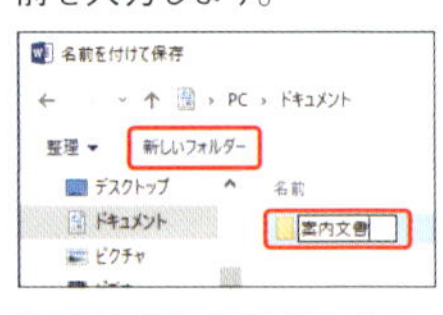

7 文書が保存され、タイトルバーにファイル名が表示されます。

StepUp

旧バージョンやほかの形式で保存する

文書の保存形式を指定したい場合は、<名前を付けて保存>ダイアログボックスの<ファイルの種類>をクリックします。旧バージョンは<Word 97-2003文書>、PDFファイルは<PDF>を選択します。

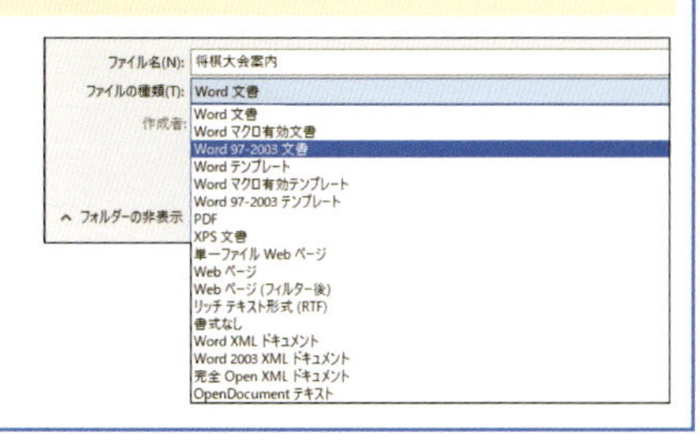

2 上書き保存する

<上書き保存>をクリックすると、文書が上書きされます。一度も保存していない場合は、<名前を付けて保存>ダイアログボックスが表示されます。

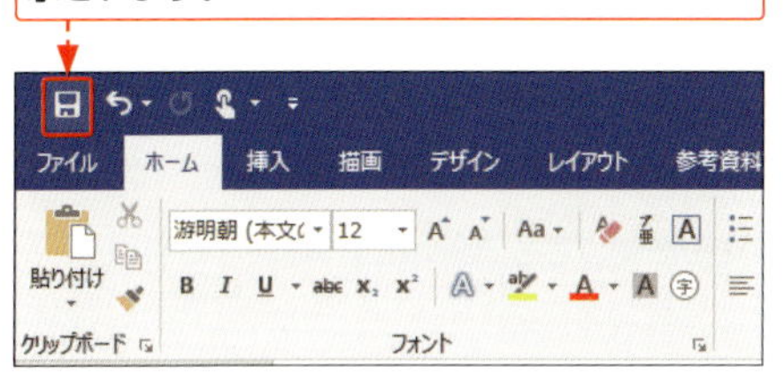

Keyword

上書き保存

文書を何度も変更して、最新のファイルだけを残すことを、文書の「上書き保存」といいます。<ファイル>タブの<上書き保存>をクリックしても同じです。

Hint

上書き保存する前の状態に戻す

上書き保存をしても、文書を閉じていなければ、<元に戻す>をクリックして操作を戻すことができます（Sec.07参照）。

保存した文書を閉じる／開く

文書を保存したら、＜ファイル＞タブから**文書を閉じます**。保存した文書を開くには、**＜ファイルを開く＞画面**からファイルを選択します。**最近使ったファイル**などを利用しても開くことができます。

1 文書を閉じる

1 ＜ファイル＞タブをクリックして、

2 ＜閉じる＞をクリックすると、

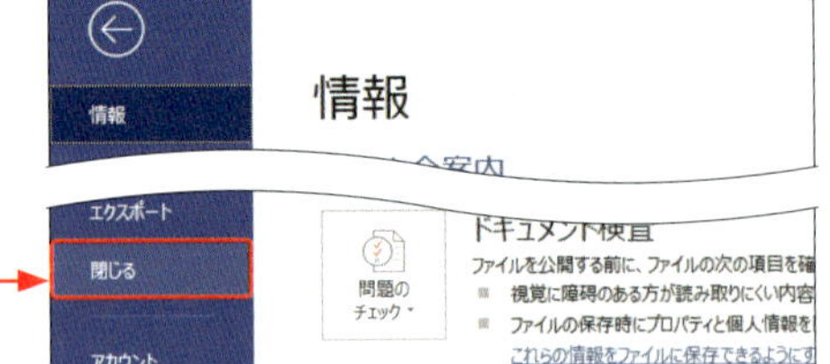

3 文書が閉じます。

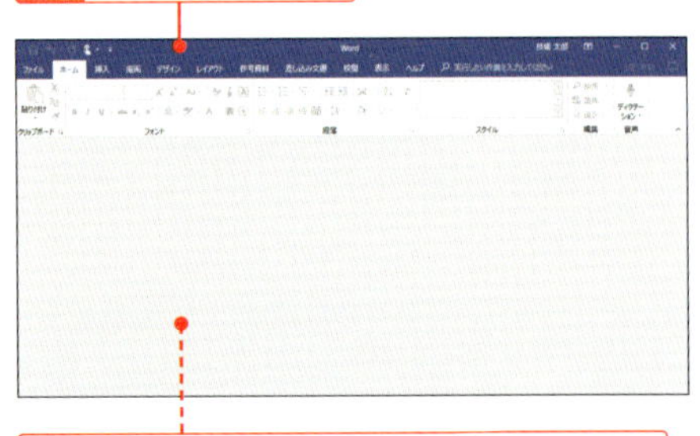

文書を閉じても、Word自体は終了しません。

Memo

＜閉じる＞ × をクリックする

文書が複数開いている場合は、＜閉じる＞ × をクリックしても、その文書のみを閉じることができます（文書が1つだけの場合は、Word 2019も終了します）。

Hint

文書が保存されていないと?

変更を加えて保存しないまま文書を閉じようとすると、右の画面が表示されるので、いずれかを選択します。

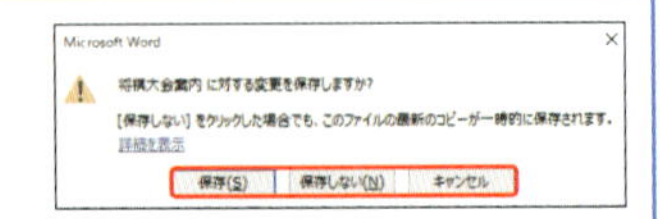

2 保存した文書を開く

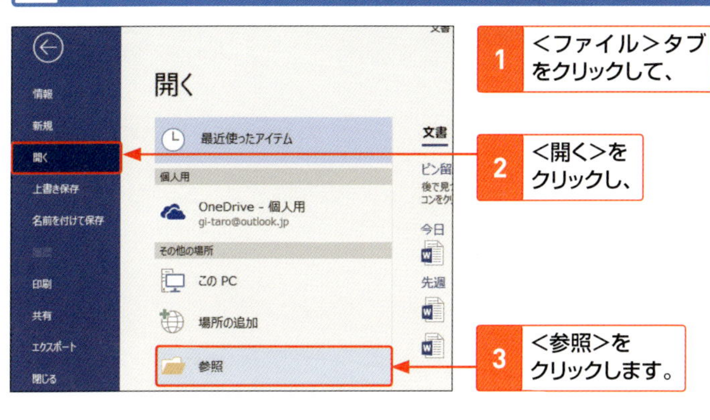

1 <ファイル>タブをクリックして、

2 <開く>をクリックし、

3 <参照>をクリックします。

4 開きたい文書が保存されているフォルダーを指定して、

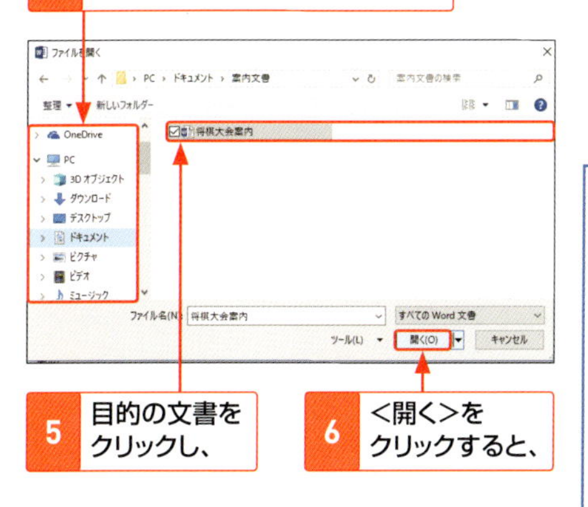

5 目的の文書をクリックし、

6 <開く>をクリックすると、

7 目的の文書が開きます。

Memo

Wordの起動画面で文書を開く

Wordを起動した画面では、<最近使ったファイル>が表示されます。ここに目的のファイルがあれば、クリックして開くことができます。<他の文書を開く>をクリックすると、手順 2 の<開く>画面が表示されます。

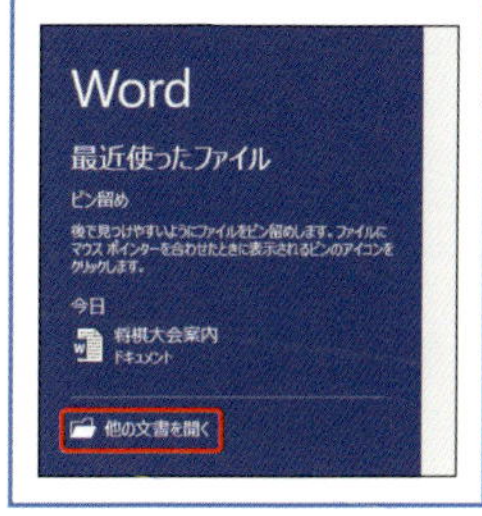

3 最近開いた文書から開く

1 <ファイル>タブをクリックして、<開く>をクリックすると、

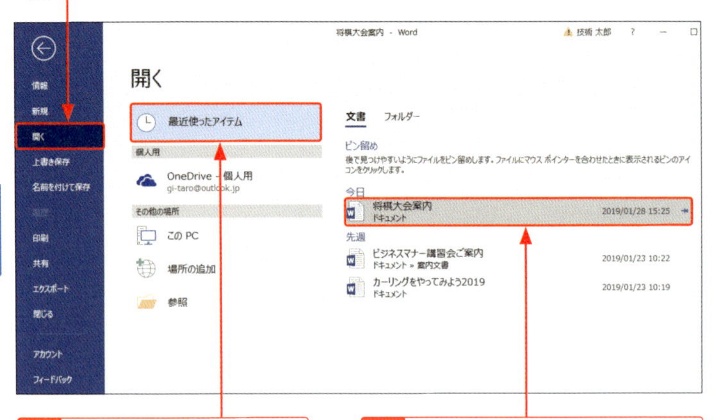

2 <最近使ったアイテム>が表示されます。

3 開きたい文書をクリックします。

StepUp 最近使ったアイテム（ファイル）のファイル表示

Wordの起動画面に表示される<最近使ったファイル>や<開く>画面の<最近使ったアイテム>のファイル一覧は、初期設定では表示されるようになっています。表示するファイルの数を変更したり、この一覧をそれぞれ非表示にすることができます。
<ファイル>タブの<オプション>をクリックして、<Wordのオプション>画面を開きます。<詳細設定>の<表示>から<最近使った文書の一覧に表示する文書の数>を「0」、<［ファイル］タブのコマンド一覧に表示する、最近使った文書の数>をクリックしてオフにすると、ファイルが表示されなくなります。

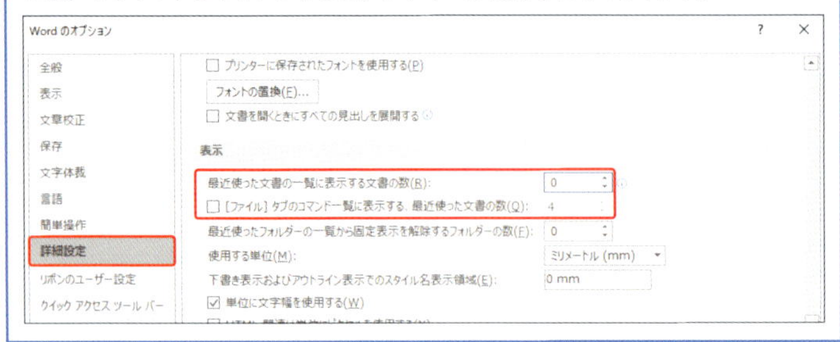

4 ジャンプリストから開く

1 タスクバーにあるWordのアイコンを右クリックすると、

2 最近編集・保存した順に文書名が表示されます。

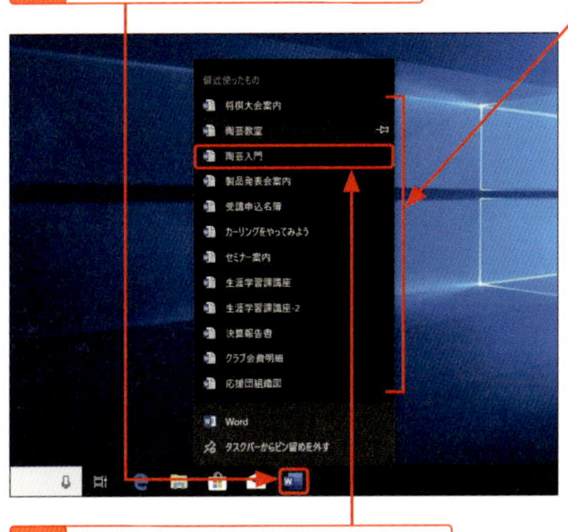

3 開きたい文書をクリックします。

Keyword

ジャンプリスト

手順2のようにWordのアイコンを右クリックして表示される画面を「ジャンプリスト」と呼びます。最近編集・保存した文書名が表示されるので、クリックするだけですばやく開くことができます。

Hint

表示したくない場合

ジャンプリストに表示させたくない文書は、手順3で右クリックして<この一覧から削除>をクリックすると、表示されなくなります。

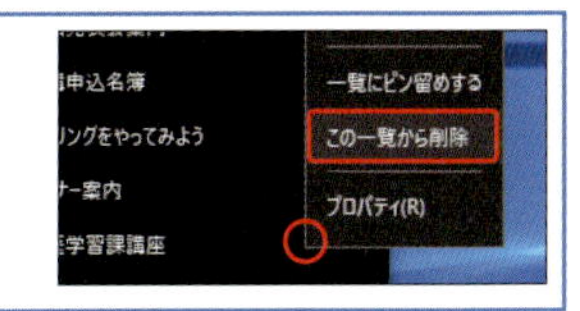

Hint

閲覧の再開

文書を開くと先頭ページが表示されますが、Word 2019では<再開>のメッセージや<再開>マークが表示され、クリックすると前回編集していた位置（ページ）に移動します。
この機能は、前回の作業で編集や保存が行われた場合に利用できます。<再開>マークをクリックせずにほかの操作をすると、<再開>は利用できません。

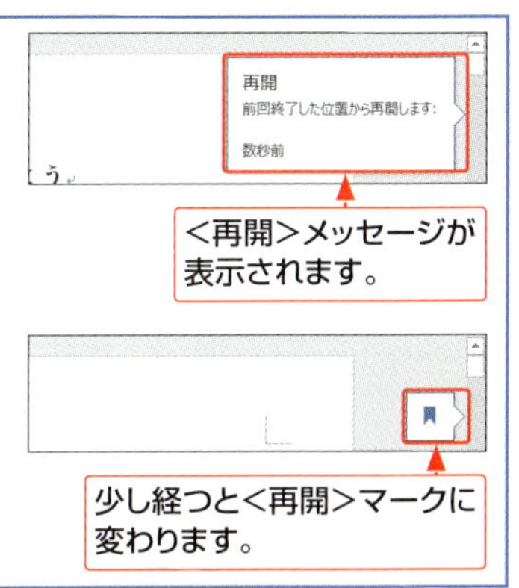

新しい文書を作成する

新しい文書を白紙の状態から作成する場合は、＜ファイル＞タブをクリックして**＜新規＞**の**＜白紙の文書＞**をクリックします。また、**テンプレート**から新しい文書を作成することもできます。

1 新規文書を作成する

文書を開いています。

1 ＜ファイル＞タブをクリックして＜新規＞をクリックし、

2 ＜白紙の文書＞をクリックします。

情報
新規
開く
上書き保存
名前を付けて保存
印刷
共有
エクスポート
閉じる
アカウント
フィードバック
オプション
新規
オンライン テンプレートの検索
検索の候補:　ビジネス　カード　はがき　イベント　教育　レター
白紙の文書
新しい
ツアーを開始
Word へようこそ

新規文書では、文書に名前を付けて保存（Sec.08参照）されるまで、「文書1」「文書2」のように仮の文書名が連番で付けられます。

3 新規文書が表示されます。

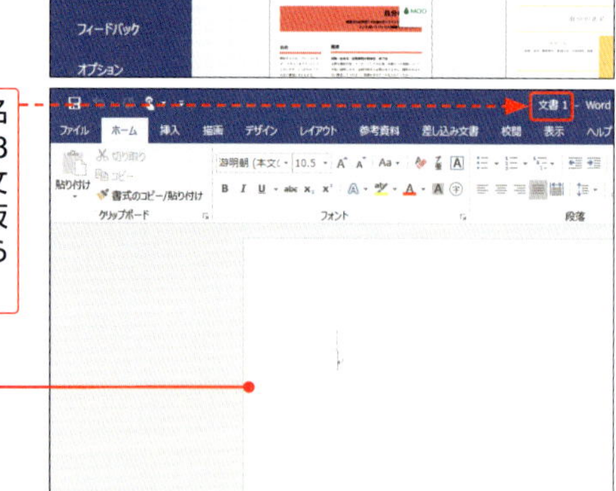

2 テンプレートを利用して新規文書を作成する

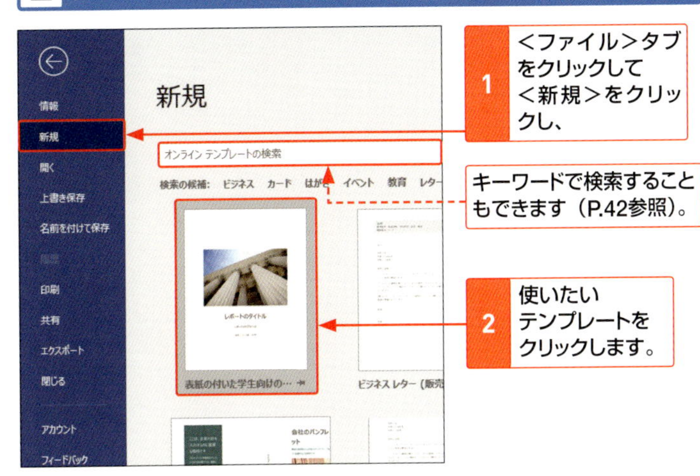

1 ＜ファイル＞タブをクリックして＜新規＞をクリックし、

キーワードで検索することもできます（P.42参照）。

2 使いたいテンプレートをクリックします。

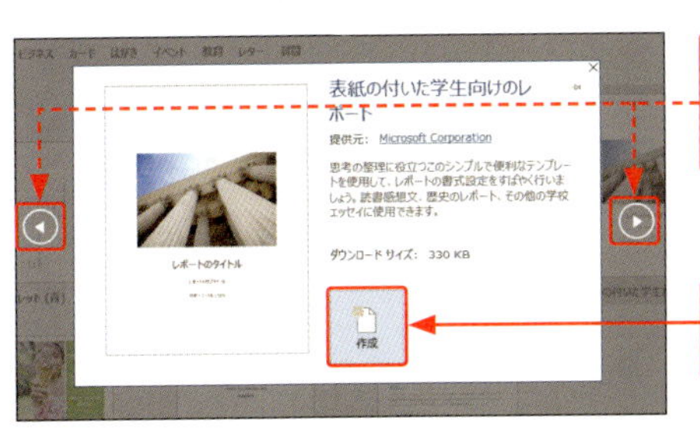

ここをクリックすると、ほかのテンプレートを表示できます。

3 ＜作成＞をクリックします。

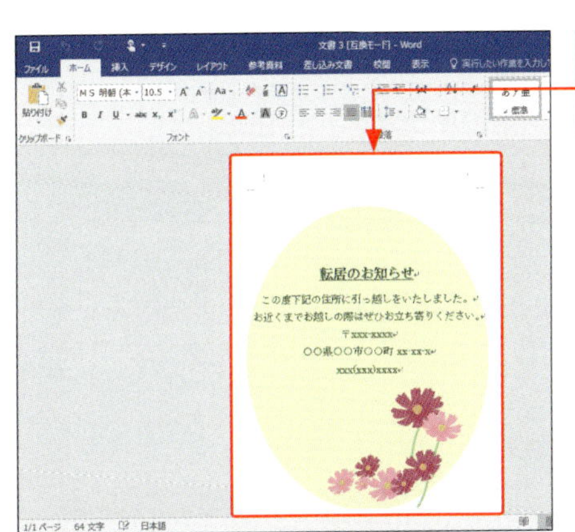

4 テンプレートがダウンロードされます。

Keyword

テンプレート

「テンプレート」は、あらかじめデザインが設定された文書のひな形のことです。テンプレートを検索してダウンロードするには、インターネットに接続しておく必要があります。

3 テンプレートを検索してダウンロードする

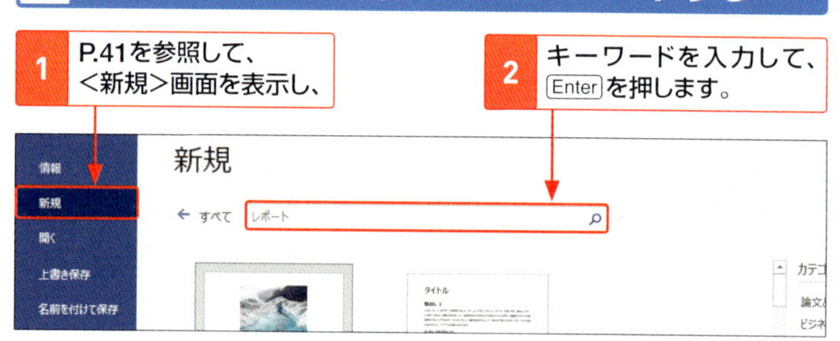

1 P.41を参照して、<新規>画面を表示し、

2 キーワードを入力して、Enterを押します。

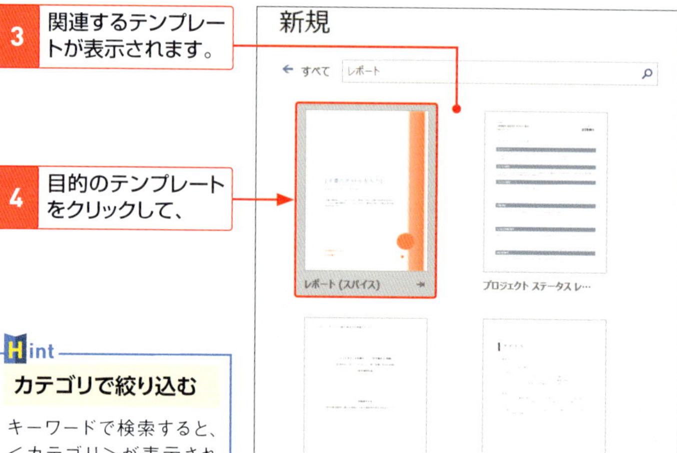

3 関連するテンプレートが表示されます。

4 目的のテンプレートをクリックして、

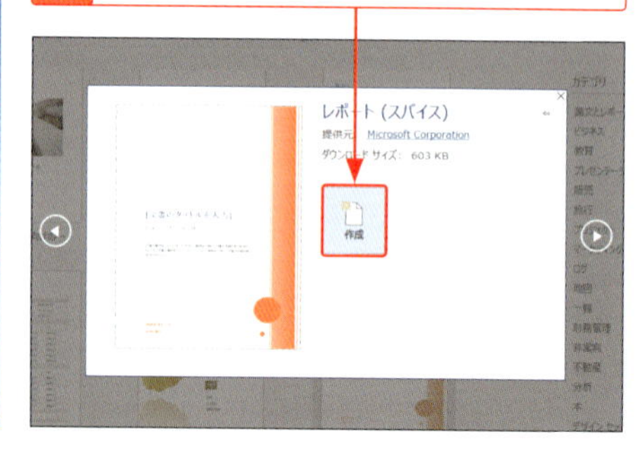

5 <作成>をクリックすると、テンプレートがダウンロードされます。

Hint カテゴリで絞り込む

キーワードで検索すると、<カテゴリ>が表示されます。目的に合うカテゴリを選択すると、テンプレートを絞り込めます。

第2章

文字入力と編集

文字入力の準備をする

文字を入力する前に、キーボードでの入力方式をローマ字入力にするかかな入力にするかを決めます。また、入力するときには、ひらがなか英字か、入力モードを設定します。

「ローマ字入力」と「かな入力」の違い

ローマ字入力：この部分の文字で S O R A とキーを押すと、「そら」と入力されます。

かな入力：この部分の文字で そ ら とキーを押すと、「そら」と入力されます。

1 ローマ字入力とかな入力を切り替える

Memo

入力方式を決める

最初に「ローマ字入力」か「かな入力」のいずれかを決めます。本書では、ローマ字入力を中心に解説します。

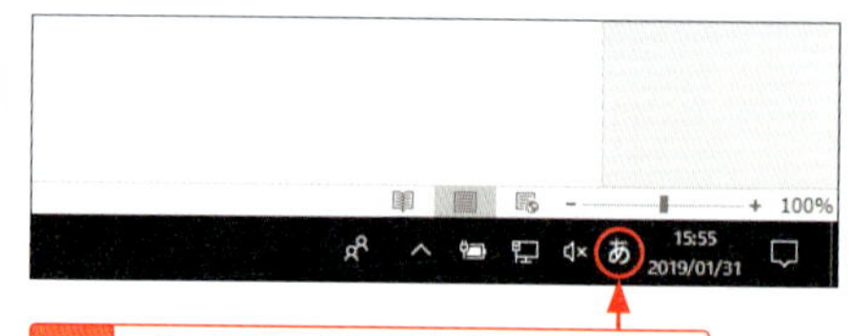

1 <入力モード>を右クリックして、

2 <ローマ字入力／かな入力>をクリックし、

3 <ローマ字入力>または<かな入力>をクリックします。

2 入力モードを切り替える

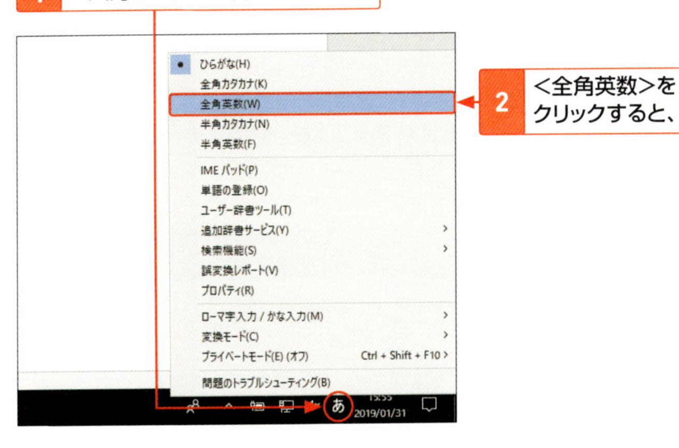

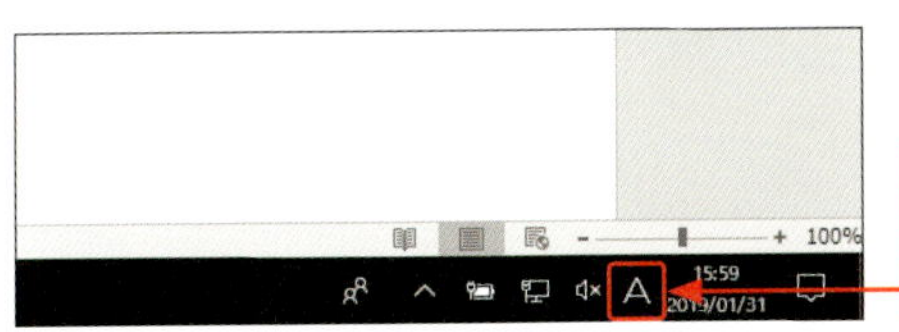

Memo

入力モードの切り替え

入力モードは、キーを押したときに入力される文字の種類を示すもので、タスクバーには現在の入力モードが表示されます。<入力モード>をクリックするか 半角/全角 を押すと、<ひらがな> あ と<半角英数> A が切り替わります。そのほかのモードは上の手順のように指定するか、無変換 を押して切り替えます。

入力モードの種類

入力モード	入力例	入力モードの表示
ひらがな	あいうえお	あ
全角カタカナ	アイウエオ	カ
全角英数	ａｉｕｅｏ	A
半角カタカナ	ｱｲｳｴｵ	_ｶ
半角英数（直接入力）	aiueo	A

日本語を入力する

日本語を入力するには、文字の「読み」としてひらがなを入力し、漢字やカタカナに変換して確定します。読みを変換すると、変換候補が表示されるので選択します。

1 ひらがなを入力する

Memo

入力と確定

キーを押して画面上に表示されたひらがなには、手順4のように文字の下に点線が引かれています。この状態では、まだ文字の入力は完了していません。キーボードのEnterを押すと、入力が確定します（手順5のように下線が消えます）。

入力モードを<ひらがな>にします（P.45参照）。

1 Aのキーを押すと、

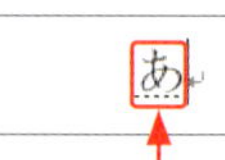

2 「あ」と表示されます。

3 続けて、SAHIとキーを押すと、

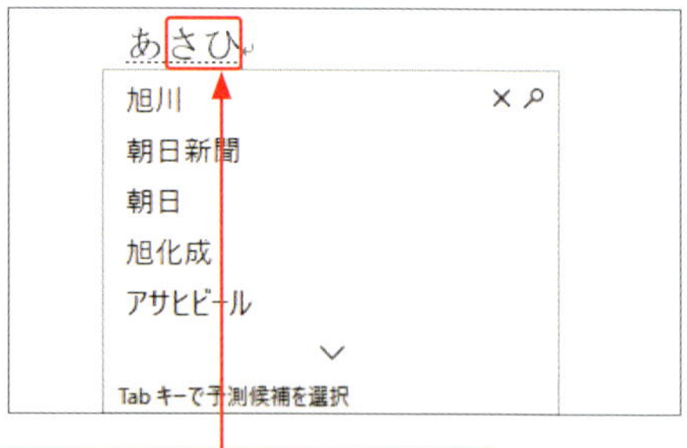

4 「さひ」と表示されるので、Enterを押します。

5 文字が確定します。

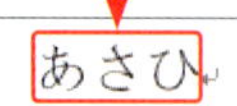

Memo

予測候補の表示

入力が始まると、手順4のように該当する変換候補が表示されます。ひらがなを入力する場合は、そのまま無視してかまいません。

2 カタカナを入力する

1 W I N D O U とキーを押して「うぃんどう」と読みを入力します。

うぃんどう

2 Space を押すと、

3 カタカナに変換されます。

ウィンドウ

4 Enter を押すと、

ウィンドウ

5 文字が確定し、「ウィンドウ」と入力されます。

Hint

カタカナの変換

「ニュース」や「インターネット」など、一般的にカタカナで表記する語句は、Space を押すとカタカナに変換されます。
また、読みを入力して、F7 を押しても変換できます（StepUp参照）。

StepUp

ファンクションキーで一括変換する

確定前の文字列は、キーボードの上部にあるファンクションキー（F6～F10）を押すと、それぞれ変換できます。ここでは、S A K U R A とキーを押した例を紹介します。

F6「ひらがな」

さくら

F7「全角カタカナ」

サクラ

F8「半角カタカナ」

ｻｸﾗ

F9「全角英数」

ｓａｋｕｒａ

F10「半角英数」

sakura

3 漢字を入力する

Memo

漢字の入力と変換

漢字を入力するには、漢字の「読み」を入力して、Spaceまたは変換を押します。

「散会」という漢字を入力します。

1 SANKAIとキーを押して、Spaceを押すと、

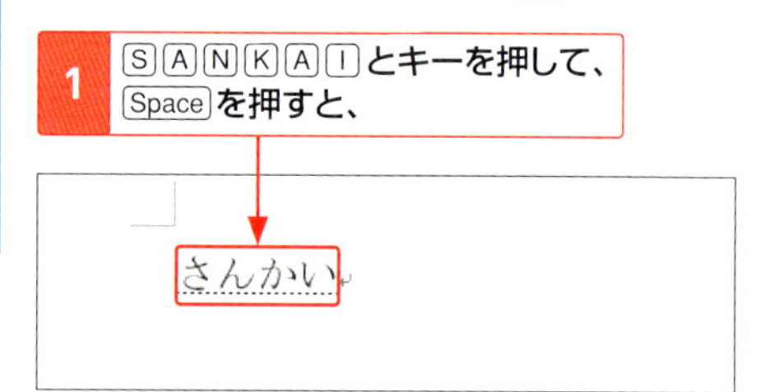

Memo

変換候補の一覧

漢字の「読み」を入力してSpaceを2回押すと、入力候補が表示されます。

2 漢字に変換されます。

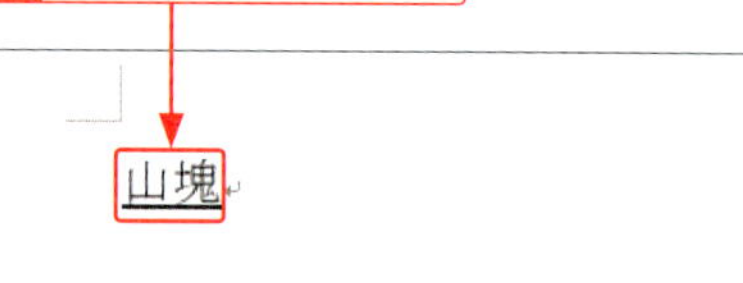

Hint

標準統合辞書の表示

同音異義語がある候補には、📖が表示されます。その候補に移動すると、語句の用法を示す標準統合辞書が表示されるので、用途に合った漢字を選びます。

🔍をクリックすると、Webブラウザが起動して、語句の検索結果が表示されます。

3 違う漢字に変換するために、再度Spaceを押して、

Hint参照

4 候補一覧から漢字をクリックし、Enterを押します。

5 文字が確定して、「散会」と入力されます。

第2章 文字入力と編集

4 複文節を変換する

「シャツを選択する」と変換された複文節の「選択する」を「洗濯する」に直します。

1 「しゃつをせんたくする」と読みを入力して、Space を押すと、

2 複文節がまとめて変換されます。

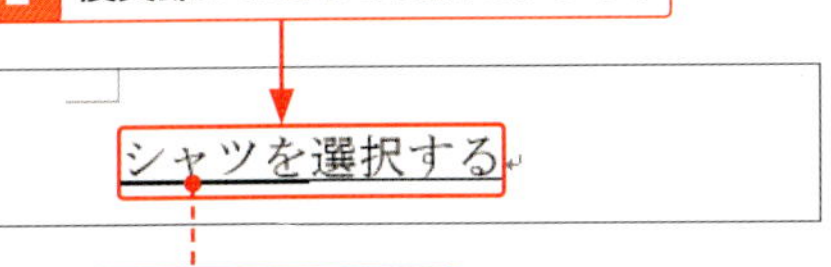

太い下線が付いた文節が変換の対象になります。

3 → を押して、変換対象に移動します。

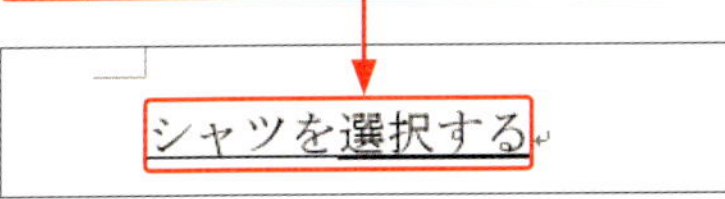

4 Space を押すと変換されるので、

5 「洗濯する」をクリックし、Enter を押します。

シャツを洗濯する

1 選択する
2 洗濯する
3 洗たくする
4 選擇する
5 せんたくする
6 センタクスル

6 変換が確定されます。

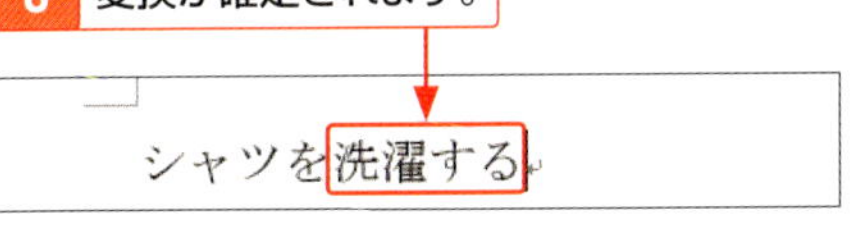

Keyword
文節と複文節

「文節」とは、末尾に「～ね」や「～よ」を付けて意味が通じる文の最小単位のことです。これに対し、複数の文節で構成された文字列を「複文節」といいます。

StepUp
確定後に再変換する

確定した文字が違っていたら、文字を選択して（Sec.15参照）キーボードの 変換 を押します。変換候補が表示されるので、正しい文字を選択します。

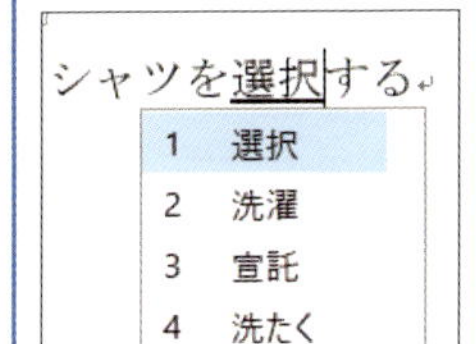

アルファベットを入力する

アルファベットを入力するには、入力モードを＜半角英数＞モードにして入力する方法と、日本語を入力中のまま、＜ひらがな＞モードで入力する方法があります。

1 ＜半角英数＞モードで入力する

Memo

＜半角英数＞モードに切り替える

＜入力モード＞を＜半角英数＞（P.45参照）にするか、キーボードの半角／全角を押すと、アルファベット入力の＜半角英数＞モードになります。

「Windows Update」と入力します。

1 入力モードを＜半角英数＞に切り替えます。

2 Shift＋Wを押して、大文字の「W」を入力します。

3 Shiftを押さずにINDOWSとキーを押して、小文字の「indows」を入力します。

Windows

4 Spaceを押して、半角スペースを入力します。

5 同様に、「Update」を入力します。

Hint

大文字の英字の入力

＜半角英数＞モードで、アルファベットのキーを押すと小文字の英字、Shiftを押しながらキーを押すと大文字の英字が入力できます。

2 ＜ひらがな＞モードで入力する

「World」と入力します。

1 入力モードを＜ひらがな＞に切り替えます。

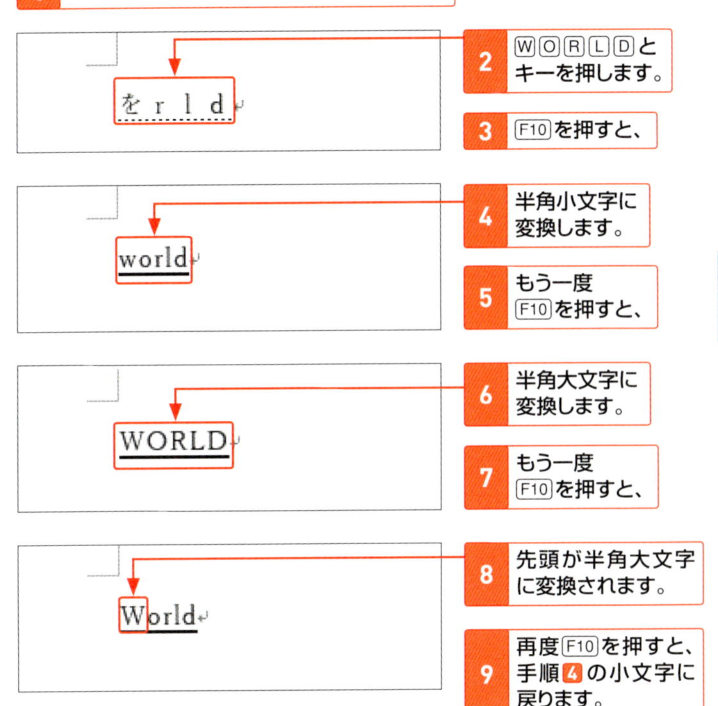
をｒｌｄ
2 WORLDとキーを押します。
3 F10を押すと、
world
4 半角小文字に変換します。
5 もう一度F10を押すと、
WORLD
6 半角大文字に変換します。
7 もう一度F10を押すと、
World
8 先頭が半角大文字に変換されます。
9 再度F10を押すと、手順4の小文字に戻ります。

Hint

1文字目が大文字に変換される

1文字目が大文字に変換される場合は、＜ファイル＞タブの＜オプション＞をクリックして、＜文章校正＞で＜オートコレクトのオプション＞をクリックします。表示される＜オートコレクト＞ダイアログボックスの＜オートコレクト＞で＜文の先頭文字を大文字にする＞をクリックしてオフにします。

オートコレクト：英語（米国）

オートコレクト | 数式オートコレクト | 入力オートフォーマット | オー

☑ [オートコレクト オプション] ボタンを表示する(H)
☑ 2 文字目を小文字にする [THe ... → The ...](O)
☐ 文の先頭文字を大文字にする [the ... → The ...](S)
☑ 表のセルの先頭文字を大文字にする(C)
☑ 曜日の先頭文字を大文字にする [monday → Monday](
☑ CapsLock キーの押し間違いを修正する [tHE ... → The .

文章を改行する

文末でEnterを押して次の行に移動する区切りのことを**改行**といいます。改行された文末には**段落記号** ↵ が表示されます。段落記号は**編集記号**の1つで、文書編集の目安にする記号です。

1 文字列を改行する

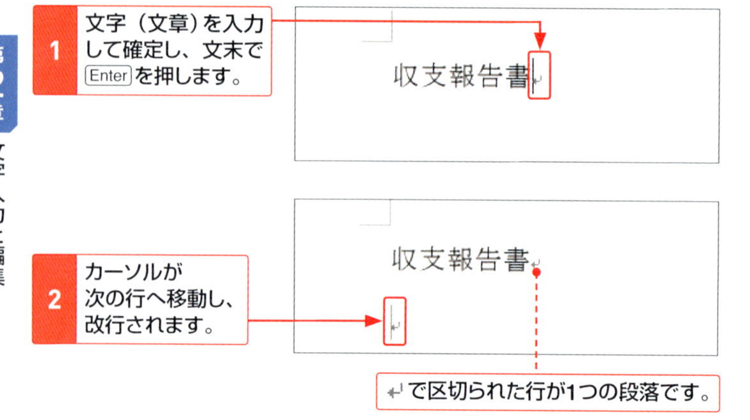

1 文字（文章）を入力して確定し、文末でEnterを押します。
収支報告書
2 カーソルが次の行へ移動し、改行されます。
↵ で区切られた行が1つの段落です。

2 編集記号を表示する

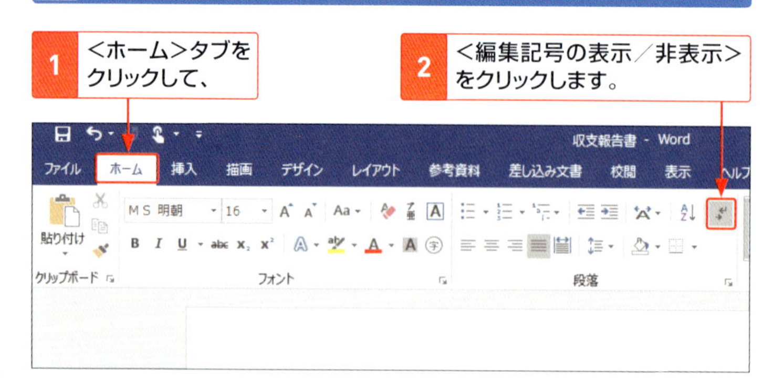

3 編集記号が表示されます。

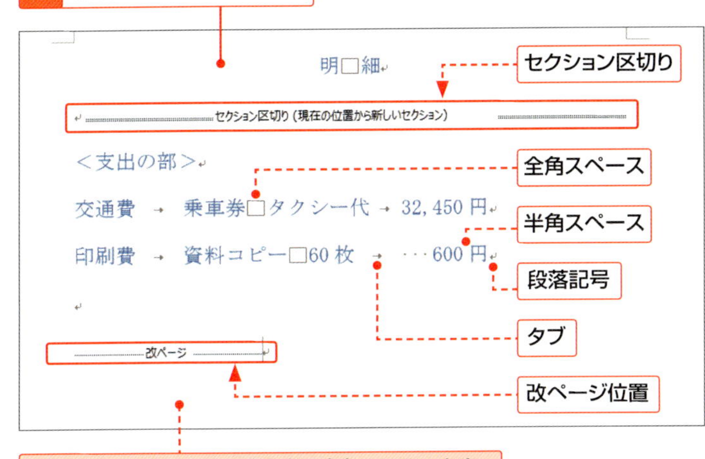

記号がわかりやすいように文字は青色にしています。

Keyword

編集記号

Wordでの編集記号とは、スペースやタブなど文書編集に用いる記号です。画面上に表示して編集の目安にするもので、印刷はされません。

StepUp

編集記号の表示

初期設定では段落記号↵のみが表示されますが、このほかの編集記号は個別に表示／非表示を設定することができます。

＜ファイル＞タブの＜オプション＞をクリックして、＜表示＞の＜常に画面に表示する編集記号＞で表示する記号をオンにし、表示しない記号はオフにします。＜すべての編集記号を表示する＞をオンにするとすべて表示されます。

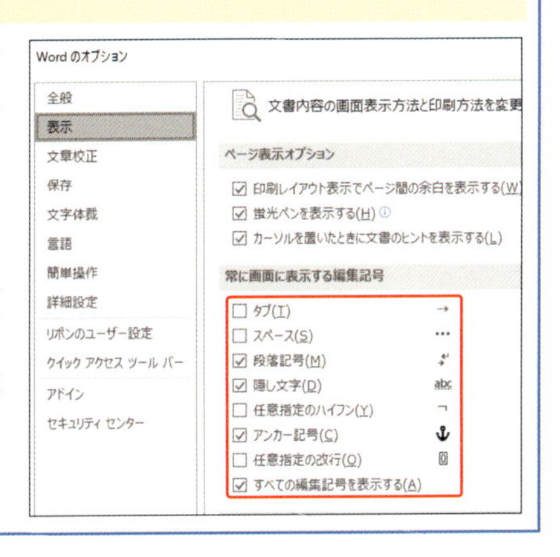

第2章 文字入力と編集

文字列を選択する

文字列にコピーや書式変更などを行う場合、最初にその対象範囲を選択します。**文字列の選択**は、選択したい文字列をドラッグするのが基本です。**単語や段落、文書全体の選択**方法を紹介します。

1 単語を選択する

1 選択する単語の上にマウスカーソルを移動して、

2 ダブルクリックします。

陶芸教室を開講します！

「土和市」との友好交流事業として、陶芸教室
一度は作陶体験してみませんか？

3 単語が選択されます。

陶芸教室を開講します！

「土和市」との友好交流事業として、陶芸教室
一度は作陶体験してみませんか？

Hint タッチ操作で文字列を選択する

タッチ操作で単語を選択する場合は、単語の上をダブルタップします。文字列の場合は、図のように操作します。

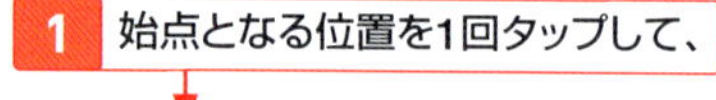

陶芸教室を開講します！

陶芸教室を開講します！

2 ハンドルを終点までスライドします。

2 文字列を選択する

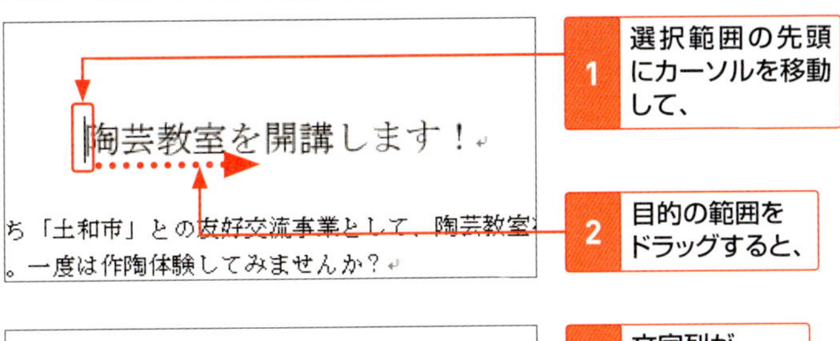
陶芸教室を開講します！
ち「土和市」との友好交流事業として、陶芸教室
。一度は作陶体験してみませんか？
1 選択範囲の先頭にカーソルを移動して、
2 目的の範囲をドラッグすると、

陶芸教室を開講します！

ち「土和市」との友好交流事業として、陶芸教室
。一度は作陶体験してみませんか？

3 文字列が選択されます。

3 行を選択する

1 選択する行の左余白にマウスポインターを移動してクリックすると、

2 行が選択されます。

焼き物のまち「土和市」との友好交流事業として、陶芸教室を開催すること
になりました。一度は作陶体験してみませんか？
「手ひねり」と呼ばれる手で簡単に作れるものから、電動のろくろを回して
本格的な焼き物を作る体験ができます。
土和市の先生方がていねいに教えてくださいますので、お気軽にご参加くだ
さい。

3 左余白をドラッグすると、

陶芸教室を開講します！

焼き物のまち「土和市」との友好交流事業として、陶芸教室を開催すること
になりました。一度は作陶体験してみませんか？
「手ひねり」と呼ばれる手で簡単に作れるものから、電動のろくろを回して
本格的な焼き物を作る体験ができます。
土和市の先生方がていねいに教えてくださいますので、お気軽にご参加くだ
さい。
陶芸教室は、ひと月4日間で基本コースとなります。お早めにお申し込みく
ださい。

4 ドラッグした範囲の行がまとめて選択されます。

Hint

文書全体の選択

Shift＋Ctrlを押しながら文書の左余白をクリックするか、Ctrl＋Aを押すと、文書全体を選択できます。

4 段落を選択する

Keyword

段落

Wordでの「段落」とは、文書の先頭（または段落記号↵）から、文書の末尾（または次の段落記号↵）までの文章のことです。

1 左余白にマウスポインターを移動してダブルクリックすると、

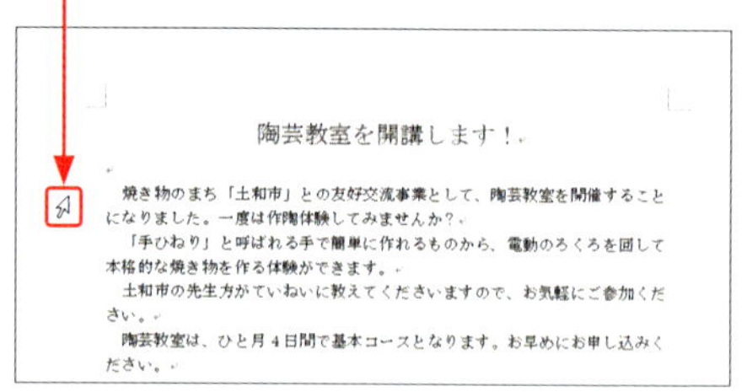

2 段落が選択されます。

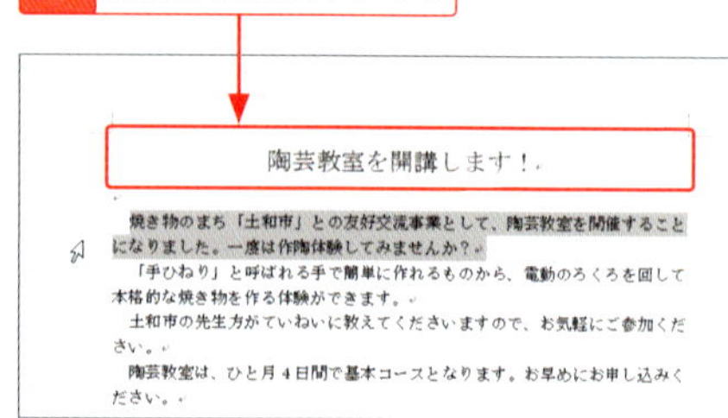

StepUp

選択後に選択範囲を変更する

文字列や段落などを選択してマウスのボタンを離したあと、選択範囲を変更したい場合は、キーを使って最後の文字（行）から選択を解除することができます。

- Shift＋←：選択範囲の最後の1文字を解除します。
- Shift＋→：選択範囲の次の1文字を追加します。
- Shift＋↑：選択範囲の先頭位置から上へ1行分までに範囲が変更されます。複数行選択している場合は、最後の1行の選択を解除します。
- Shift＋↓：選択範囲の最後から下の1行分までを範囲に追加します。複数行選択している場合は、下の1行を追加します。

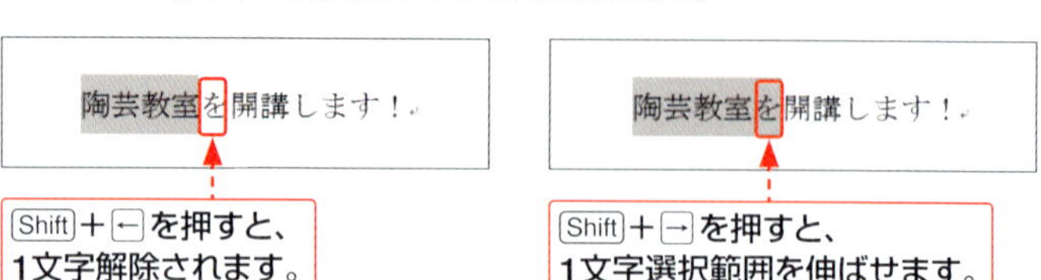
陶芸教室を開講します！
Shift＋←を押すと、
1文字解除されます。
陶芸教室を開講します！
Shift＋→を押すと、
1文字選択範囲を伸ばせます。

5 複数の文字列を同時に選択する

陶芸教室を開講します！
焼き物のまち「土和市」との友好交流事業として、陶芸教室
になりました。一度は作陶体験してみませんか？
「手ひねり」と呼ばれる手で簡単に作れるものから、電動の
本格的な焼き物を作る体験ができます。
土和市の先生方がていねいに教えてくださいますので、お気
さい。
陶芸教室は、ひと月４日間で基本コースとなります。お早め
ださい。

1 最初の文字列をドラッグして選択します。

2 Ctrl を押しながら、

3 ほかの文字列をドラッグして選択します。

4 Ctrl を押したまま、ほかの文字列をドラッグします。

Memo

離れた場所の文字列を同時に選択する

Ctrl を押しながら文字列、行、段落を選択すると、同時に複数の対象を選択した状態にできます。

文字列を修正する

入力中の文字列は、変換する前に文字の挿入や削除を行うことができます。漢字に変換したあとで文字列や文節区切りを修正するには、変換をいったん解除してから修正し、文字列を確定します。

1 変換前の文字列を修正する

「もじ」を「もじれつ」に修正します。

1 「もじをにゅうりょくする」と入力します。

もじをにゅうりょくする

2 ←を押して、「じ」の後ろにカーソルを移動し、

もじをにゅうりょくする

3 RETUとキーを押すと、「もじれつ」と修正されます。

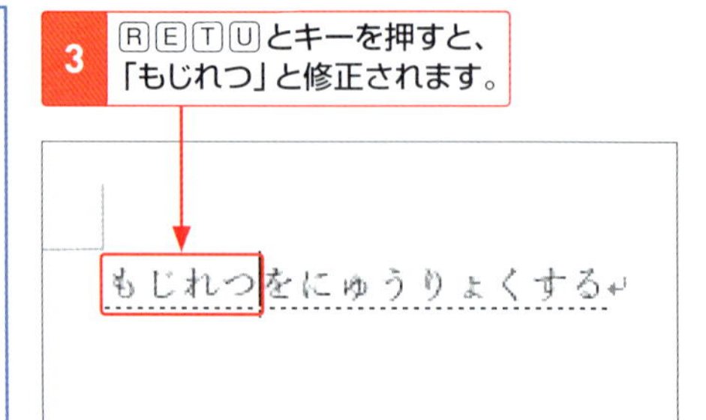

Memo

変換前の修正

変換前の文字列を修正したい場合は、←や→を押してカーソルを移動して、文字の挿入や削除を行います。なお、BackSpaceはカーソルの左側、Deleteはカーソルの右側にある文字を削除します。

2 変換後の文字列を修正する

「文字」を「文字列」に修正します。

1 「にゅうりょくしたもじをしゅうせいする」と入力して変換します。

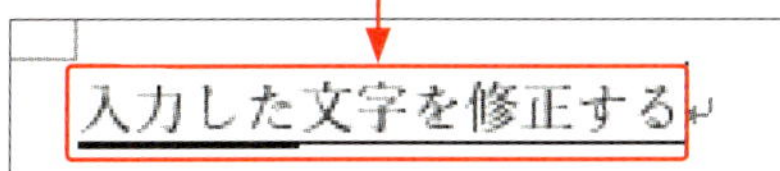

2 → を押して修正する文節に移動し、Esc を押すと（Hint参照）、

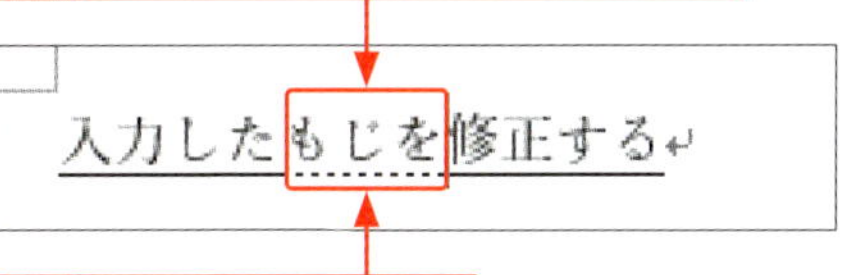

3 ひらがなに戻ります。

4 ← を押して、「じ」の後ろにカーソルを移動し、

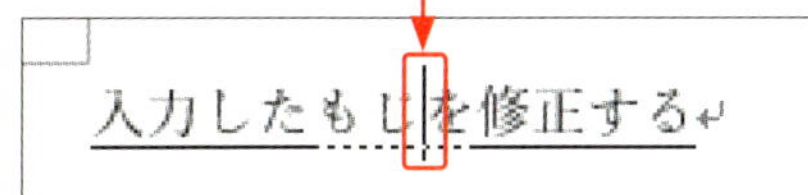

5 R E T U とキーを押すと、「もじれつ」と修正されます。

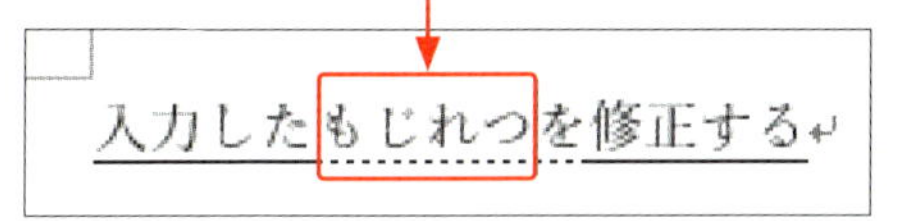

6 Space を押して漢字に変換し、

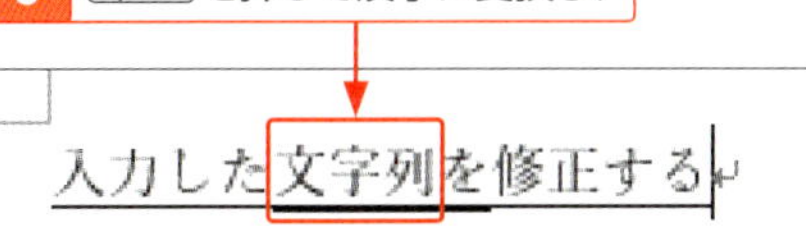

7 Enter を押して確定します。

Hint 複文節をひらがなに戻す

確定していない複文節の文字列は、Esc を押す回数によって入力結果が変わります。

- **Esc を1回押す**
  変換の対象の文節がひらがなに戻ります。
- **Esc を2回押す**
  文字列全体がひらがなに戻ります。
- **Esc を3回または4回押す**
  文字列の入力が取り消されます。

Memo 変換後の修正

変換後に改めて修正したい場合は、修正したい文節の変換を解除してからカーソルを移動し、読みの挿入や削除を行います。

3 文節の区切りを修正する

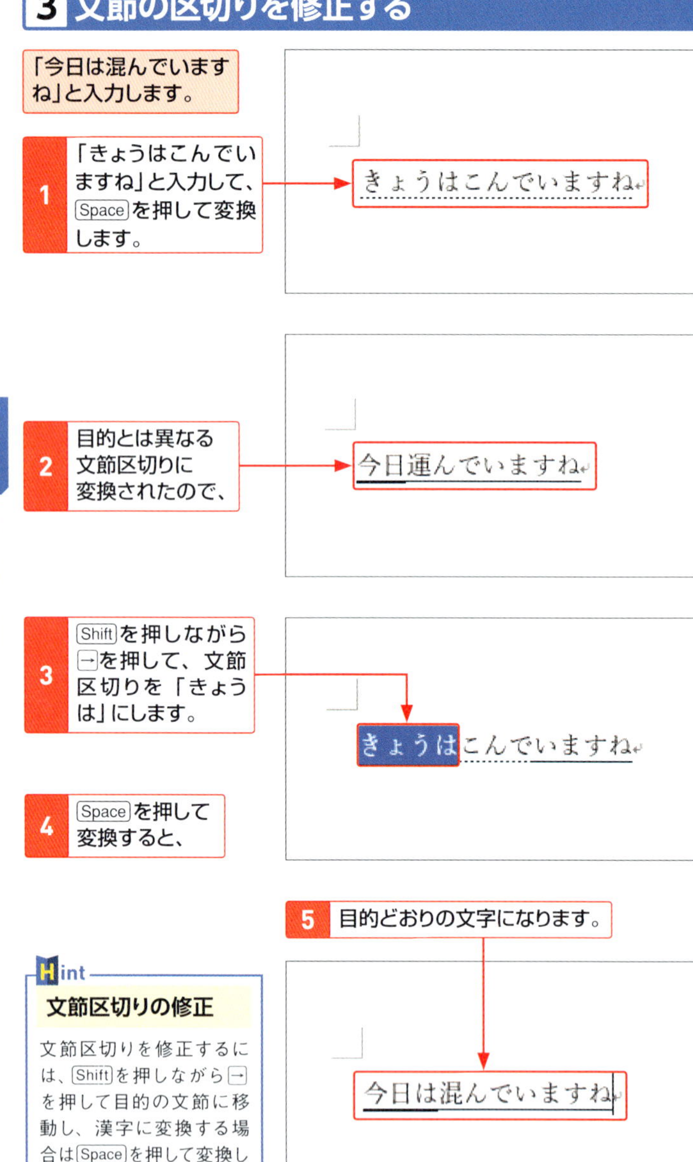

「今日は混んでいますね」と入力します。
1 「きょうはこんでいますね」と入力して、Spaceを押して変換します。
きょうはこんでいますね
2 目的とは異なる文節区切りに変換されたので、
今日運んでいますね
3 Shiftを押しながら→を押して、文節区切りを「きょうは」にします。
きょうはこんでいますね
4 Spaceを押して変換すると、
5 目的どおりの文字になります。
今日は混んでいますね

Hint

文節区切りの修正

文節区切りを修正するには、Shiftを押しながら→を押して目的の文節に移動し、漢字に変換する場合はSpaceを押して変換します。

4 漢字を1文字ずつ変換する

「美城」（みしろ）と入力します。

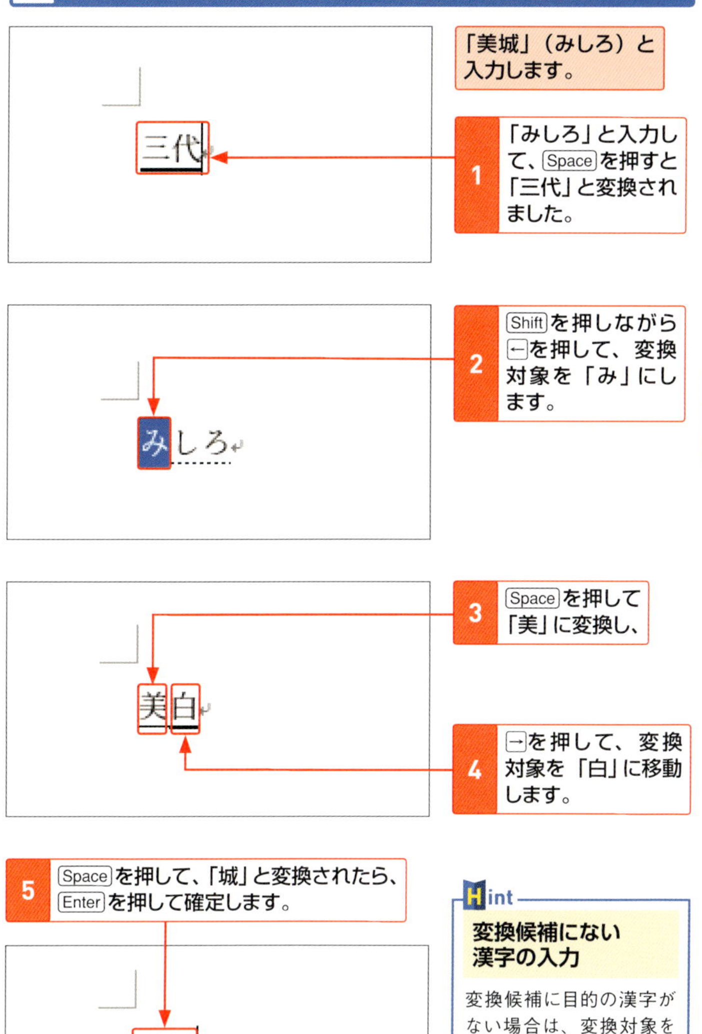

1 「みしろ」と入力して、Space を押すと「三代」と変換されました。

2 Shift を押しながら ← を押して、変換対象を「み」にします。

3 Space を押して「美」に変換し、

4 → を押して、変換対象を「白」に移動します。

5 Space を押して、「城」と変換されたら、Enter を押して確定します。

Hint

変換候補にない漢字の入力

変換候補に目的の漢字がない場合は、変換対象を示す下線の位置を変更して、漢字を1文字ずつ変換します。よく使う場合は登録しておくとよいでしょう（Sec.62参照）。

文字列を挿入する／削除する／上書きする

文字をあとから追加するには、目的の位置で**文字を入力して挿入**します。**文字を削除**するには、BackSpace あるいは Delete を押します。また、文字を変更する場合は、**別の文字を上書き**します。

1 文字列を挿入する

1 文字を挿入する位置をクリックします。

パソコン講習会

2 カーソルを移動して、

パソコン講習会

3 文字を入力し、

パソコンそうさ講習会

4 漢字に変換して Enter を押すと、

5 文字が挿入されます。

パソコン操作講習会

Memo

文字列の挿入

「挿入」とは、入力済みの文字を削除せずに、カーソルのある位置に文字を追加することです。Wordの初期設定であるこの状態を、「挿入モード」と呼びます。

Hint

カーソルを移動する

カーソルを挿入する位置にマウスポインター I を合わせてクリックすると、その位置にカーソルが移動します。

2 文字列を削除する

1文字単位で削除します。

1 ここにカーソルを移動して、BackSpace を押すと、

パソコン操作講習会

2 カーソルの左側の文字が削除されます。

パソコン操作習会

3 そのまま Delete を押すと、

パソコン操作会

4 カーソルの右側の文字が削除されます。

Hint

文字列や行単位の削除

文字列や行を選択して(Sec.15参照)、BackSpace または Delete を押すと、その単位で削除できます。

StepUp

文字列を上書きする

「上書き」とは、入力済みの文字を選択して、別の文字に書き換えることです。文字列を上書きするには、文字列を選択してから上書きする文字を入力します。図の例のように、文字数は同じでなくてもかまいません。

1 文字列をドラッグして選択し、

パソコンの基本を学ぶ会

2 上書きする文字列を入力して確定します。

第2章 文字入力と編集

文字列をコピーする／移動する

Wordには、文字列を繰り返し入力するコピー機能、文字列を切り取り、別の場所に貼り付ける移動機能があります。<ホーム>タブのコマンドやショートカットキーで行うことができます。

1 文字列をコピーする

1 コピーする文字列を選択して、

2 <ホーム>タブの<コピー>をクリックします。

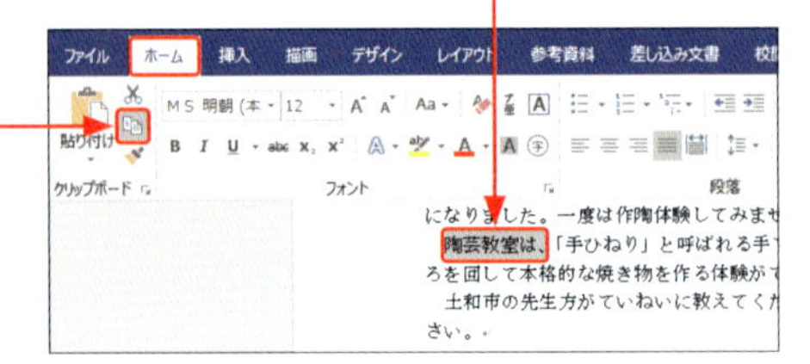

3 貼り付ける位置にカーソルを移動して、

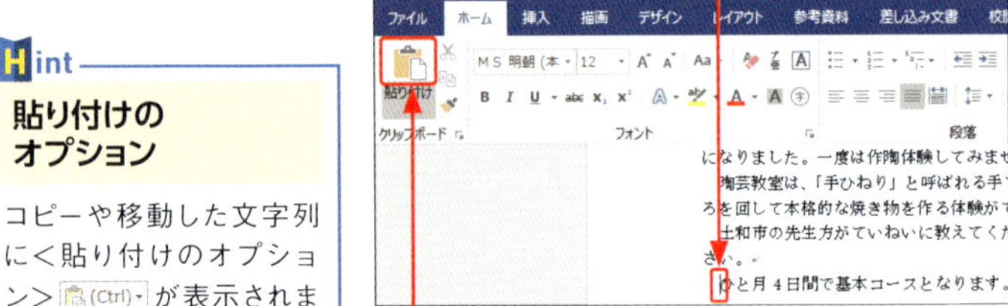

4 <貼り付け>の上部をクリックすると、

5 文字列がコピーされます。

Hint参照

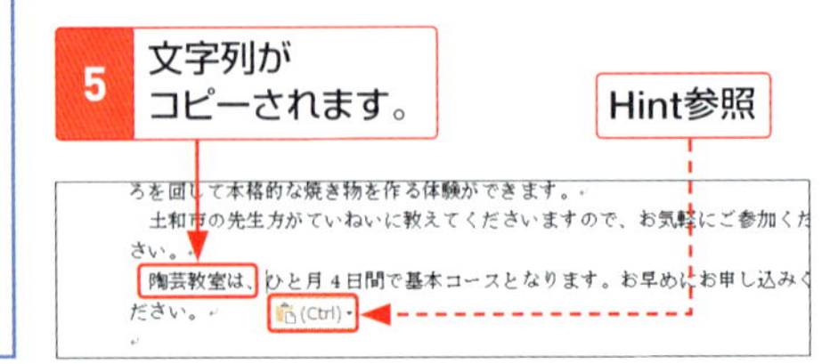

Hint 貼り付けのオプション

コピーや移動した文字列に<貼り付けのオプション> (Ctrl) が表示されます。クリックすると、貼り付け後の操作（もとのフォントのままにするか、貼り付け先のフォントにするかなど）を選択できます。

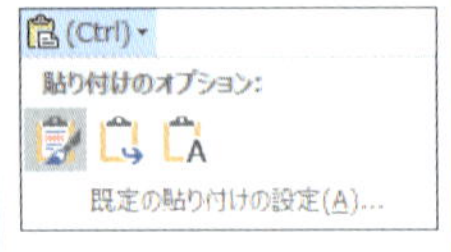

2 文字列を移動する

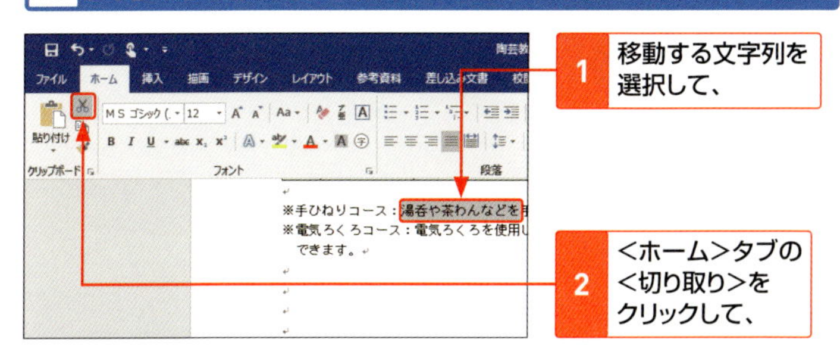

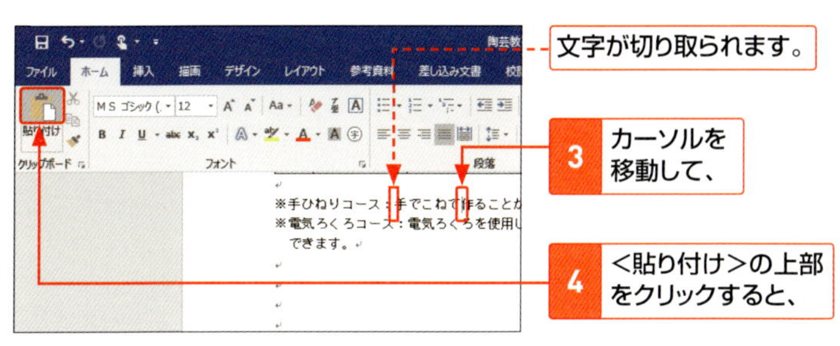

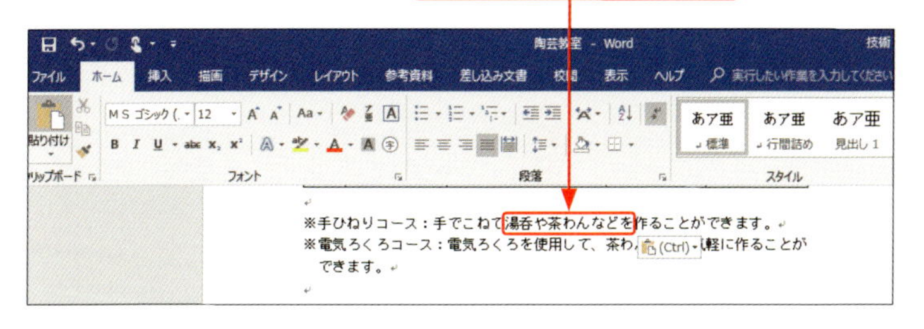

Hint ショートカットキーを利用する

コピーの場合は、文字列を選択してCtrl＋C（コピー）を押し、コピー先でCtrl＋V（貼り付け）を押します。あるいは、Ctrlを押しながら選択した文字列をドラッグ＆ドロップします。
移動の場合は、文字列を選択してCtrl＋X（切り取り）を押し、移動先でCtrl＋V（貼り付け）を押します。あるいは、選択した文字列をそのまま移動先にドラッグ＆ドロップします。

読みのわからない漢字を入力する

読みのわからない漢字は、IMEパッドを利用して検索し、入力します。IMEパッドには、文字を書いて探す<手書き>、総画数から探す<総画数>、部首から探す<部首>などがあります。

1 手書きで漢字を検索して入力する

ここでは、「渠」を検索します。

1 入力位置にカーソルを置いて、IMEパッドを表示し（Memo参照）、

2 <手書き>をクリックします。

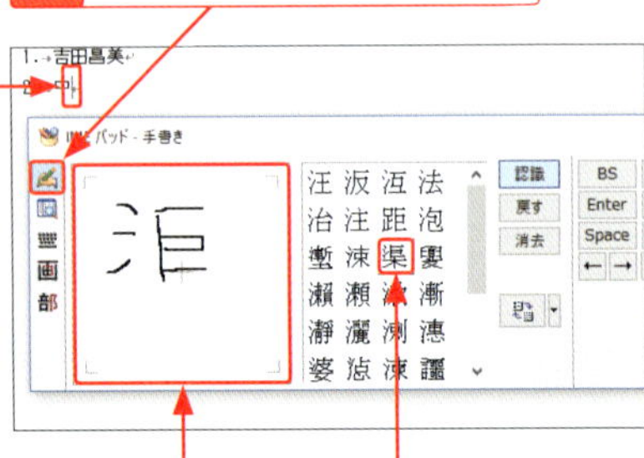

3 ここにマウスでドラッグして文字を書き、

4 候補の中から目的の文字をクリックします。

5 文字が挿入されるので、Enter をクリックするか Enter を押して確定します。

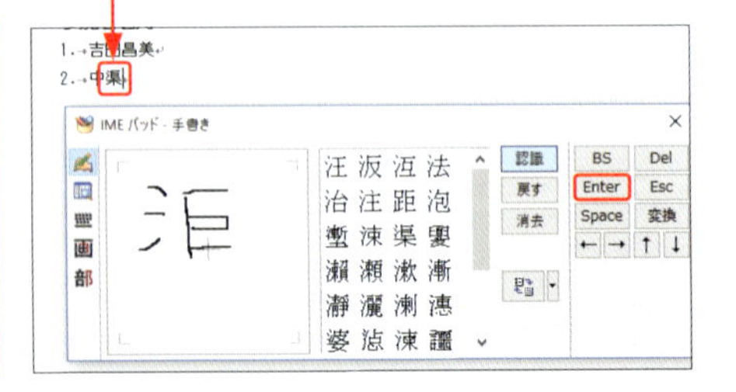

Memo IMEパッドを表示する

IMEパッドを表示するには、タスクバーの<入力モード>を右クリックして、<IMEパッド>をクリックします。

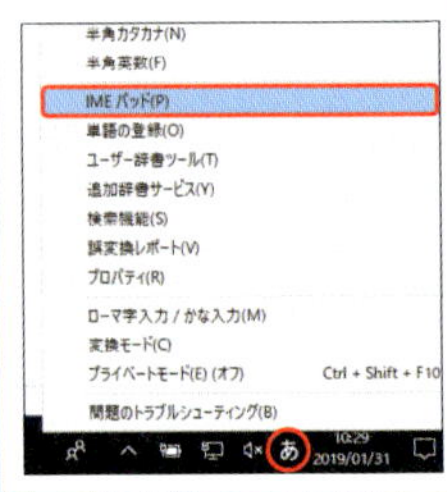

Hint 書いた文字を消去する

書いた文字の直前の1画を取り消すにはIMEパッドの<戻す>を、文字すべてを消去するには<消去>をクリックします。

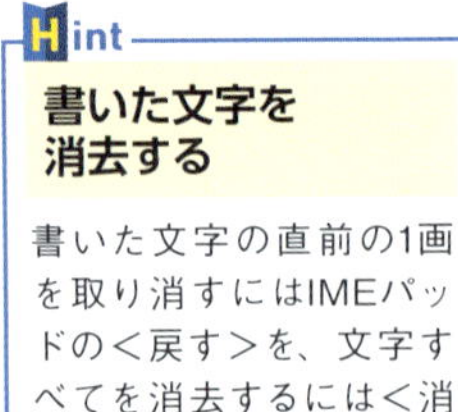

2 総画数で検索して漢字を入力する

ここでは「樞」を検索します。

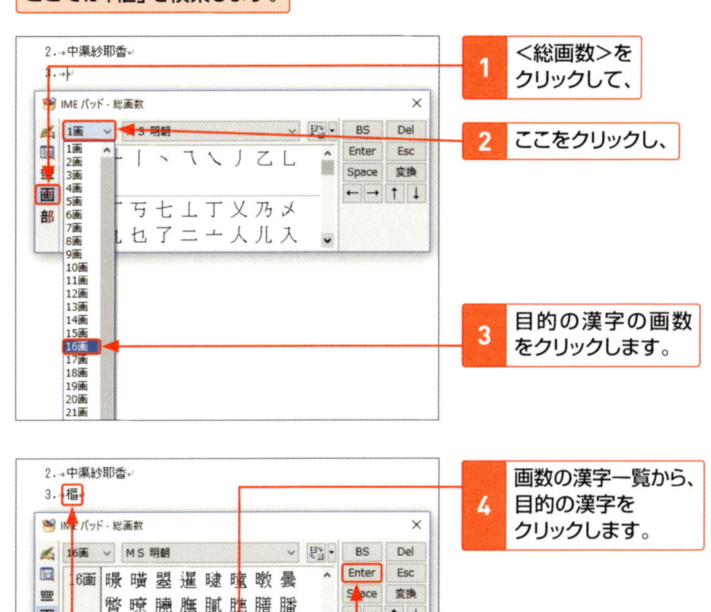

1 <総画数>をクリックして、
2 ここをクリックし、
3 目的の漢字の画数をクリックします。
4 画数の漢字一覧から、目的の漢字をクリックします。
5 文字が挿入されるので、<Enter>をクリックするか Enter を押すと、
6 文字の入力が確定します。

Hint <部首>を利用する

<IMEパッド-部首>は、<部首>部をクリックすると表示されます。<総画数>と同様に、部首の画数と部首を選ぶと、該当する漢字一覧が表示されます。

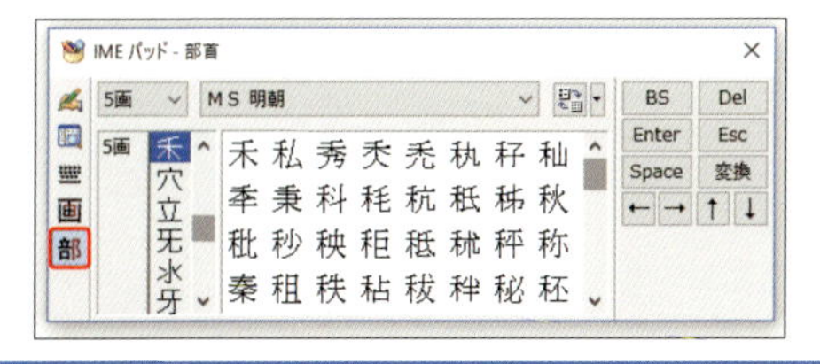

記号や特殊文字を入力する

記号や特殊文字を入力するには、**記号の読みから変換**する、**＜記号と特殊文字＞ダイアログボックス**を利用する、**＜IMEパッド-文字一覧＞**を利用する、という3つの方法があります。

1 記号の読みから変換する

Hint

読みから記号に変換する

●や◎（まる）、■や◆（しかく）、★や☆（ほし）などのかんたんな記号は、読みを変換する要領で入力できます。
また、「きごう」と入力して変換しても、一般的な記号が表示されます。

郵便記号の「〶」マークを入力します。

1 記号の読みを入力して（ここでは「ゆうびん」）、Space を2回押します。

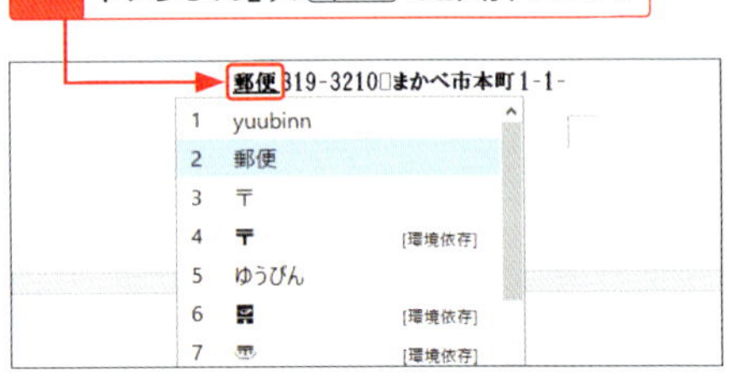

2 目的の記号を選択して Enter を押します。

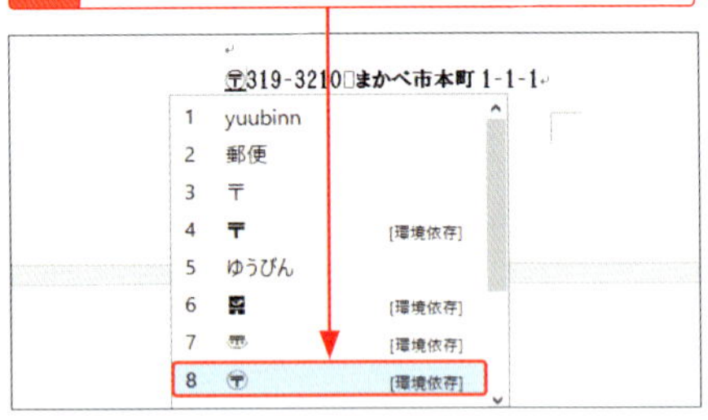

3 記号が挿入されるので、Enter を押して確定します。

〶319-3210□まかべ市本町1-1-1

Keyword

環境依存

環境依存文字とは、特定の環境でなければ正しく表示されない文字のことです。環境依存文字を利用していると、Windows 10、8.1、7以外のパソコンとのデータのやり取りの際に文字化けする可能性があります。

2 <記号と特殊文字>ダイアログボックスを利用する

特殊文字の「℡」を入力します。

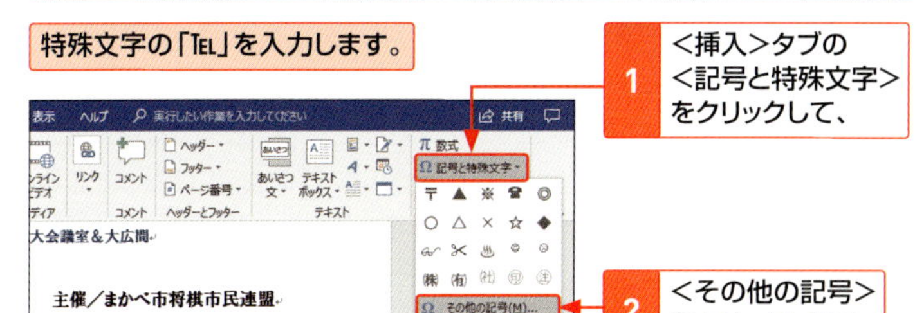

<フォント>や<種類>を選択します。
3 目的の文字をクリックして、

主催／まかべ市将棋市民連盟

お問い合わせ：℡001-223-4455

5 特殊文字が挿入されます。

Hint

フォントの種類

<記号と特殊文字>ダイアログボックスに表示される記号や文字は、選択するフォントによっても異なります。

Hint

<IMEパッド-文字一覧>を利用する

IMEパッド（Sec.19参照）の<文字一覧>をクリックして、文字一覧から記号や特殊文字を探して入力することもできます。

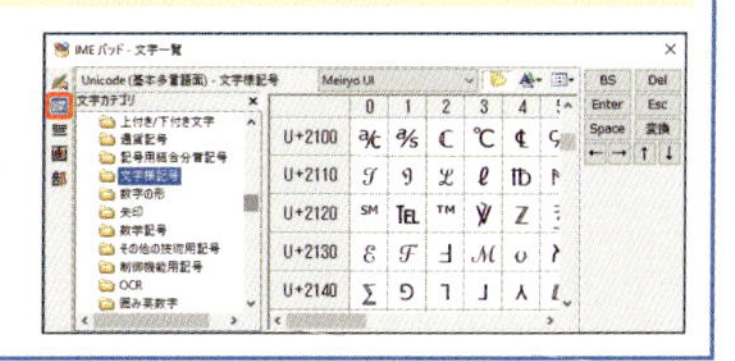

今日の日付を入力する

<日付と時刻>では、日付の形式を設定したり、文書を開いた当日の日付に更新したりする機能があります。また、元号や西暦で今年の年を入力すると、今日の日付が入力できる機能もあります。

1 日付を入力する

StepUp

ポップアップを利用する

「令和」や「2019年」など、現在の和暦／西暦を入力して Enter を押すと、当日の日付がポップアップ表示されます。

1 日付を挿入する位置にカーソルを移動して、

2 <挿入>タブの<日付と時刻>をクリックします。

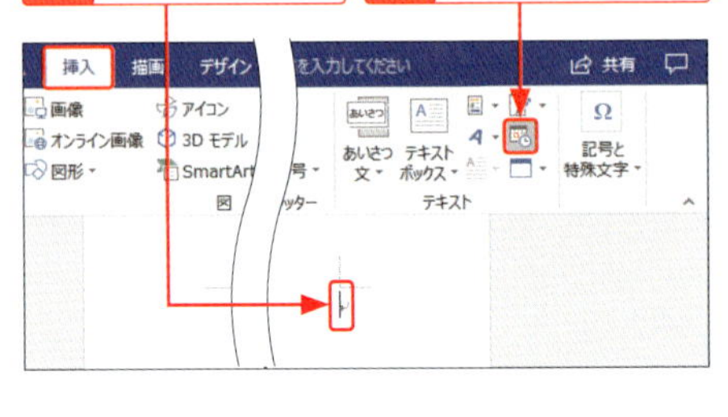

3 種類を選択して、

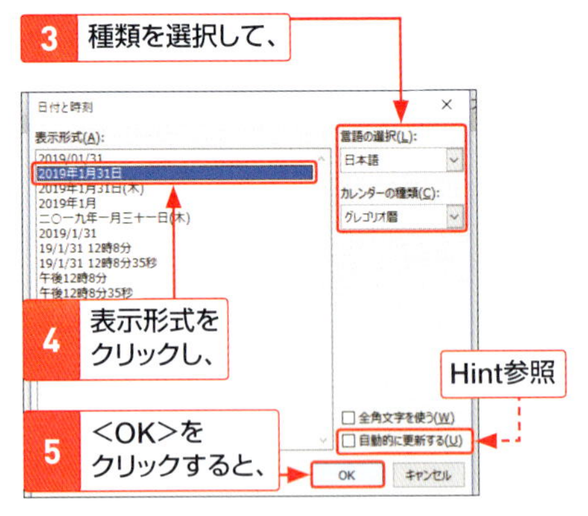

4 表示形式をクリックし、

5 <OK>をクリックすると、

Hint参照

Hint

日付の自動更新

<自動的に更新する>をオンにすると、文書を開いた日付に自動的に挿入されます。

6 入力当日の日付が入力されます。

2019年5月31日

資料送付のご案内

第3章

文字の配置と印刷

文書全体のレイアウトを設定する

文書を作成する前に、**用紙サイズや文字数、行数などのページ設定**をしておきましょう。ページ設定は、<レイアウト>タブから**<ページ設定>ダイアログボックス**を表示して行います。

■ページ設定

ページ設定とは、印刷用紙の設定や余白、文字数や行数など、文書全体にかかわる書式の設定のことです（数値は初期設定）。

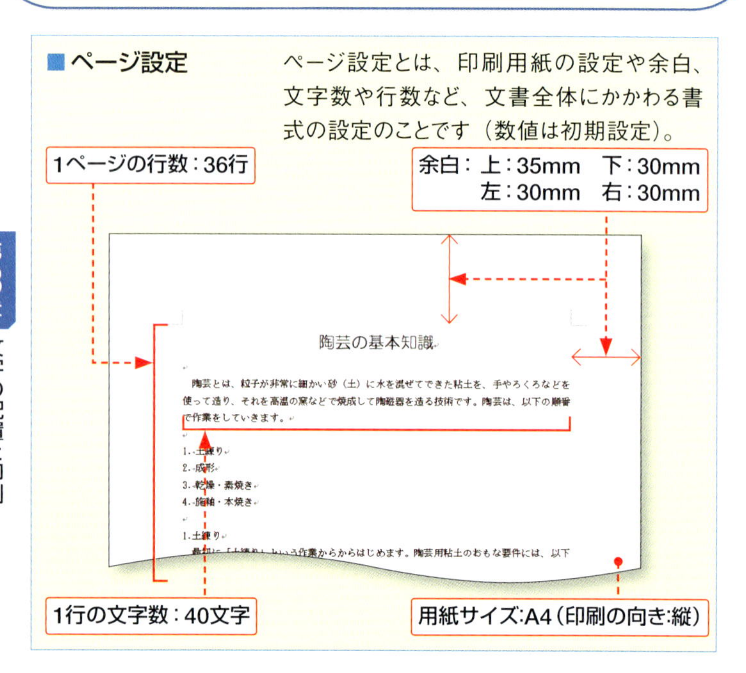

1 用紙サイズや余白を設定する

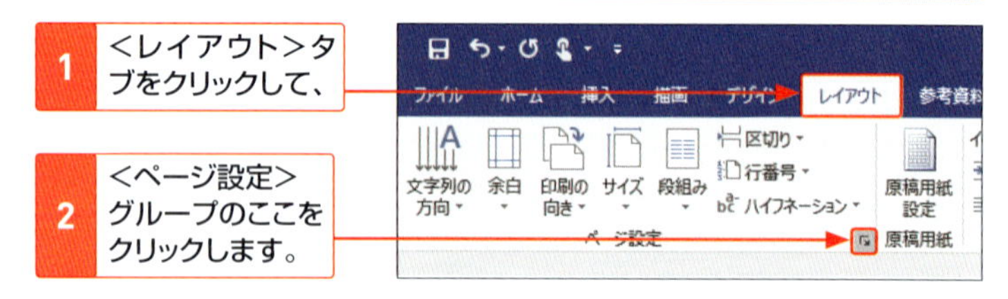

1. <レイアウト>タブをクリックして、
2. <ページ設定>グループのここをクリックします。

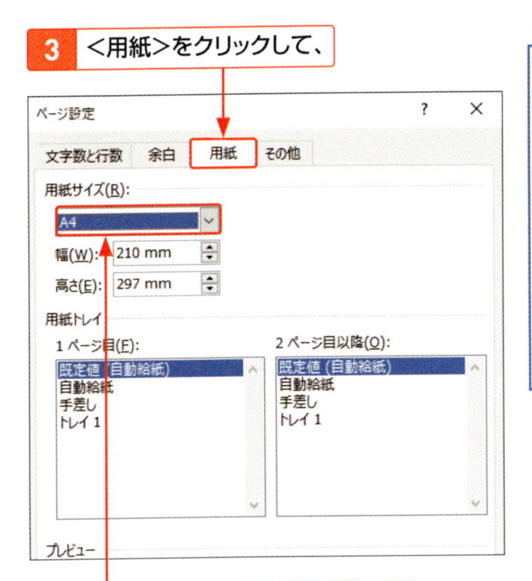

4 ここで用紙サイズを選択します。

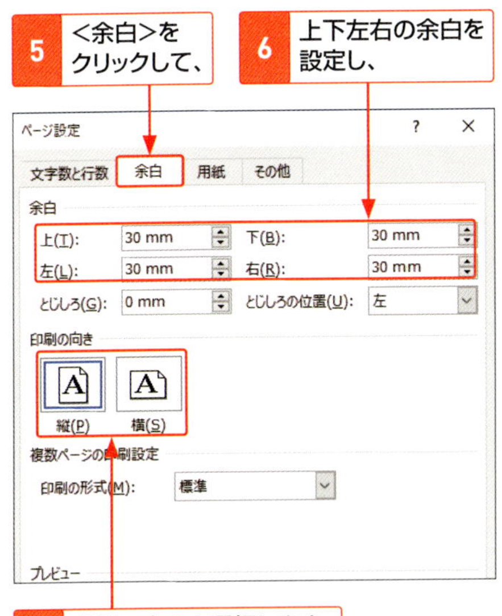

7 印刷の向きを選択します。

続いて、文字数や行数を設定します。

Memo

ページ設定は最初に

ページ設定を文書作成後に行うと、図表やイラストなどの配置がずれて、レイアウトが崩れてしまうことがあります。作成途中でもページ設定を変更することはできますが、必ずレイアウトを確認して設定しましょう。

Memo

初期設定の書式

Word 2019の初期設定は以下のとおりです。

書　式	設　定
フォント	遊明朝
フォントサイズ	10.5pt（ポイント）
用紙サイズ	A4
1行の文字数	40文字
1ページの行数	36行

2 文字サイズや行数などを設定する

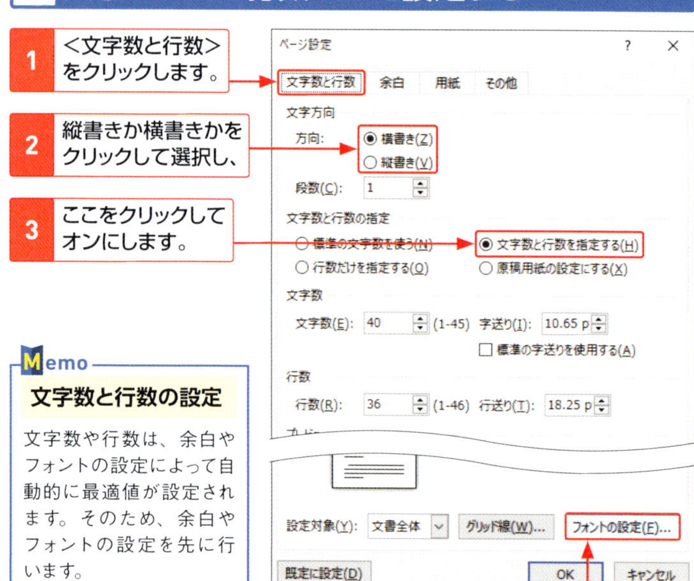

1 <文字数と行数>をクリックします。

2 縦書きか横書きかをクリックして選択し、

3 ここをクリックしてオンにします。

4 フォントを変更する場合は、<フォントの設定>をクリックして、

Memo 文字数と行数の設定

文字数や行数は、余白やフォントの設定によって自動的に最適値が設定されます。そのため、余白やフォントの設定を先に行います。

5 フォントやサイズを設定して、

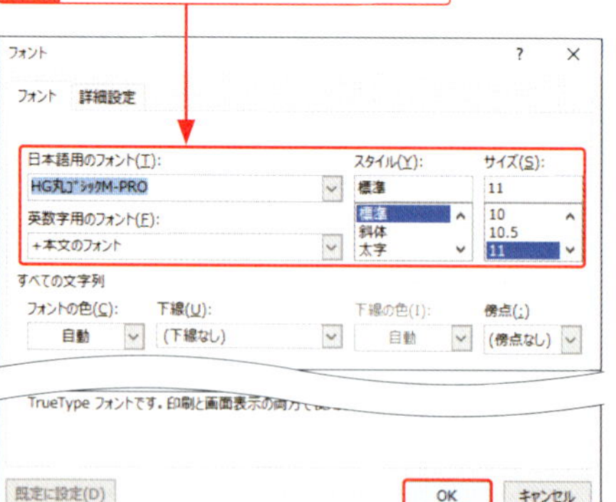

6 <OK>をクリックします。

Hint 字送りと行送り

<字送り>とは文字の左端（縦書きの場合は上端）から次の文字の左端（上端）まで、<行送り>とは行の上端（縦書きの場合は右端）から次の行の上端（右端）までの長さのことです。

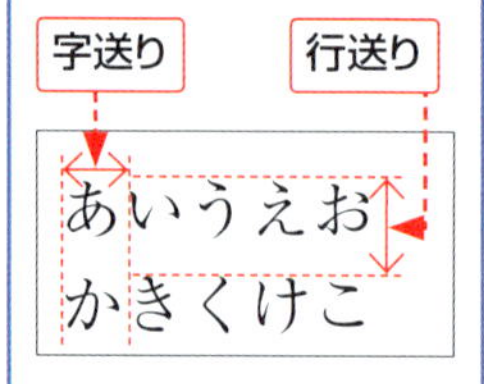

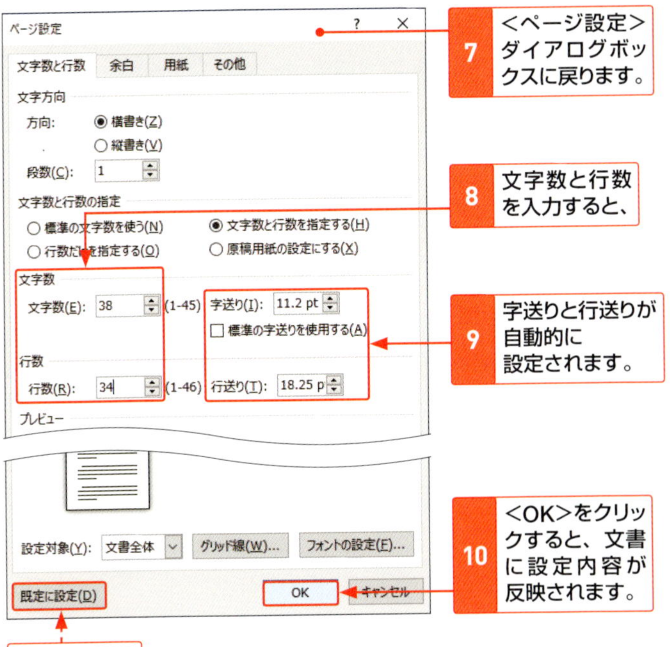

StepUp

ページ設定の内容を新規文書に適用する

＜既定に設定＞をクリックして表示される確認画面で＜はい＞をクリックすると、ページ設定の内容が保存され、次回から作成する新規文書にも適用されます。

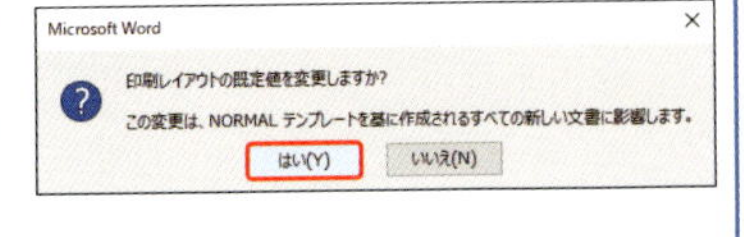

Hint

そのほかの設定方法

＜レイアウト＞タブの＜ページ設定＞グループにある＜文字列の方向＞や＜余白＞、＜印刷の向き＞、＜サイズ＞を利用しても設定できます。

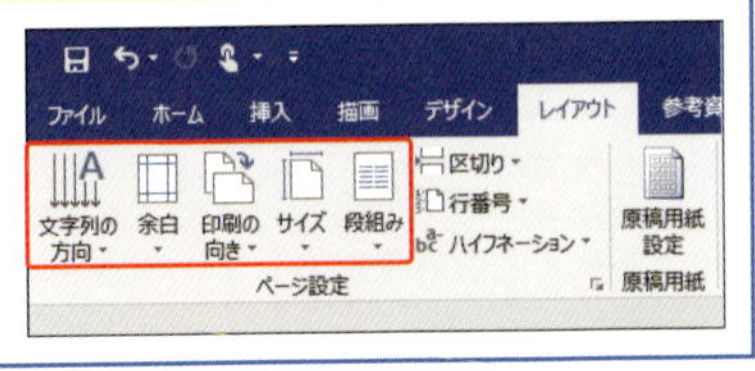

段落の配置を変更する

ビジネス文書では、日付は右に揃え、タイトルは中央に揃えるなどの書式が一般的で、**右揃え**や**中央揃え**などの機能を利用します。なお、初期設定の配置は、**両端揃え**になっています。

1 文字列を右側に揃える

1 段落をクリックしてカーソルを移動し、

2 <ホーム>タブの<右揃え>をクリックすると、

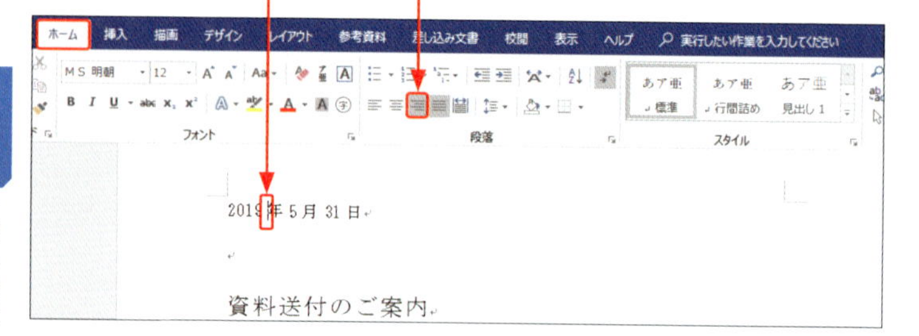

3 文字列が右に揃えられます。

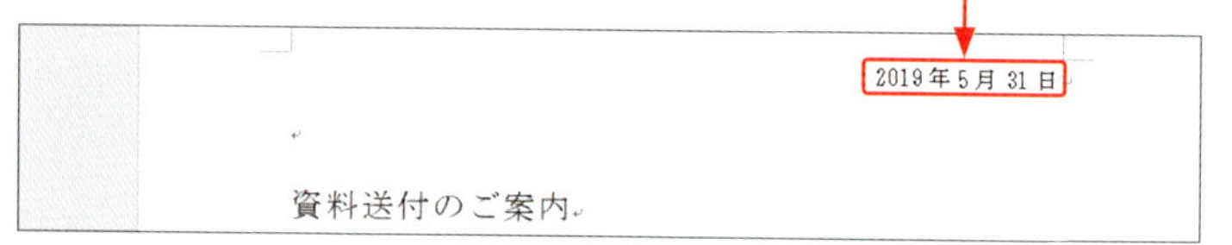

Memo

段落の指定

設定する段落内にカーソルを移動していれば、その段落が設定の対象となります。

Memo

段落の配置

<ホーム>タブの<段落>グループにあるコマンドを利用して、段落ごとに配置位置を設定できます。初期設定では<両端揃え>で、<左揃え>、<右揃え>、<中央揃え>、<均等割り付け>（P.81参照）の5種類が用意されています。

2 文字列を中央に揃える

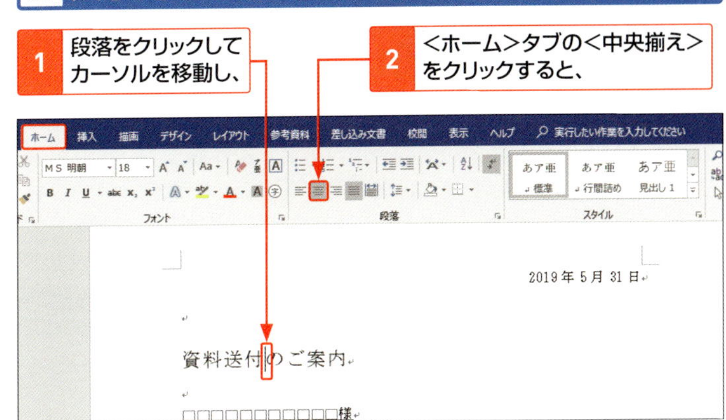

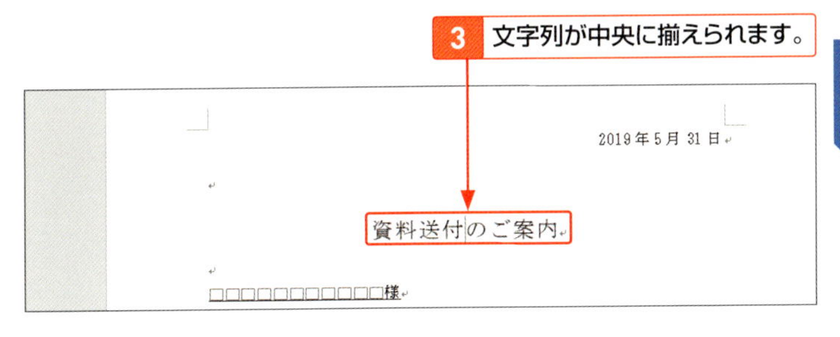

Memo

両端揃えと左揃えの違い

両端揃えでは、段落の両端で文字が揃うように文字間が調整されます。左揃えは左端に揃えるので、右側（行末）が文字幅に揃いません。

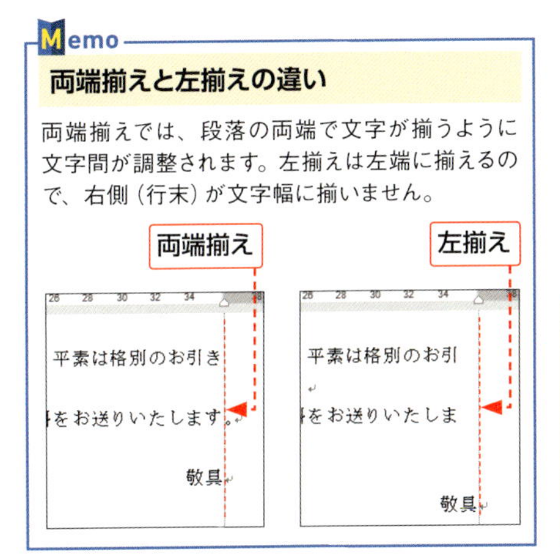

Hint

配置の解除

設定した段落を選択するか、解除したい段落にカーソルを移動して、<ホーム>タブの<両端揃え>をクリックします。

タブや均等割り付けを設定する

箇条書きなどで、文字列の先頭や項目の文字幅が揃っていると見やすく、見栄えがよくなります。先頭文字を揃えたい場合は、タブを使うと便利です。また、均等割り付けで文字列の幅を揃えます。

1 タブを挿入する

水平ルーラーを表示しています（P.79のMemo参照）。

1 タブを挿入したい位置にカーソルを移動して、

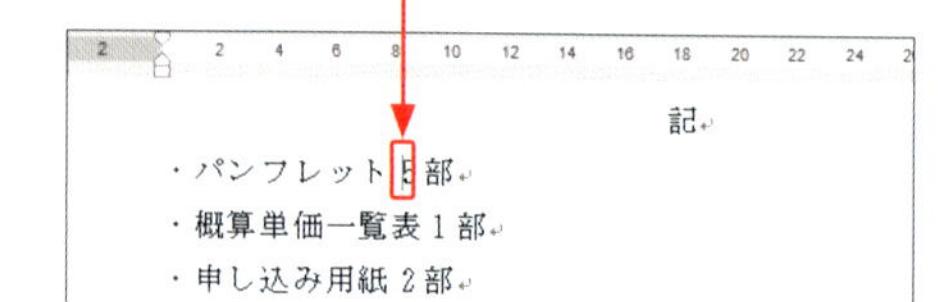

2 Tab を押すと、

3 タブが挿入されます。

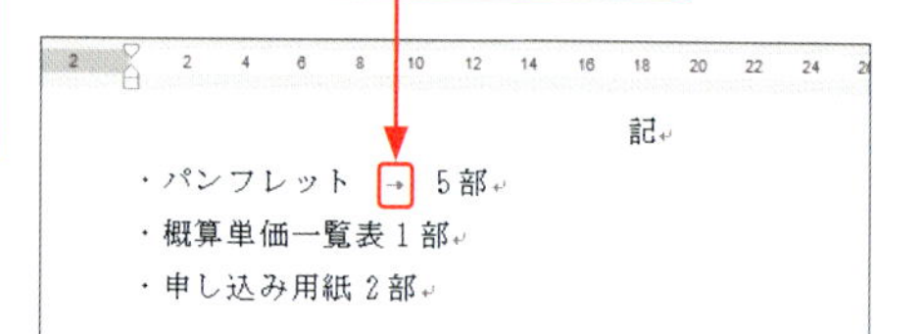

4 ほかの箇所もタブを挿入すると、文字列の先頭が揃います。

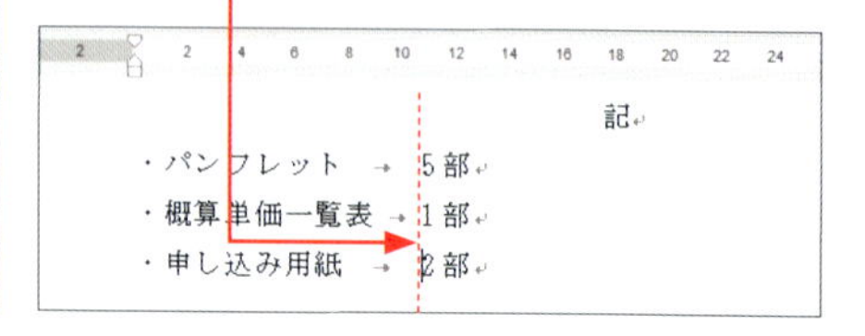

Keyword

タブ

「タブ」は特殊なスペース（空白）で、既定では4文字間隔で設定されます。左側の文字が4文字以上ある場合は、Tab を押すと8文字の位置に揃います。

Memo

タブ記号の表示

タブが挿入されると、編集記号のタブ記号→が表示されます。編集記号の表示については、Sec.14を参照してください。

2 タブ位置を設定してからタブを挿入する

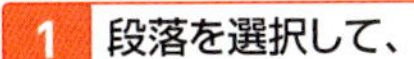

1 段落を選択して、

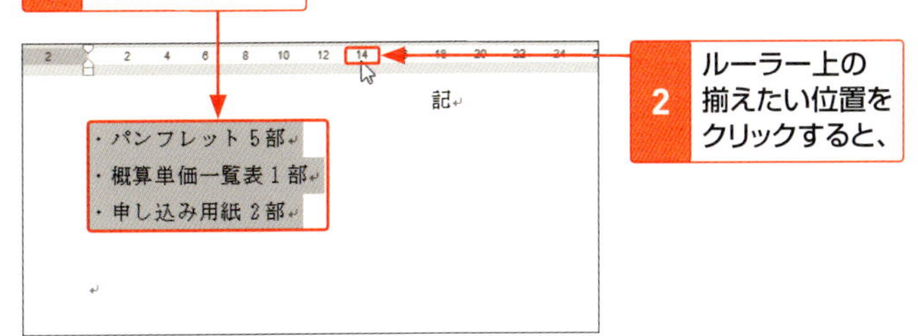

2 ルーラー上の揃えたい位置をクリックすると、

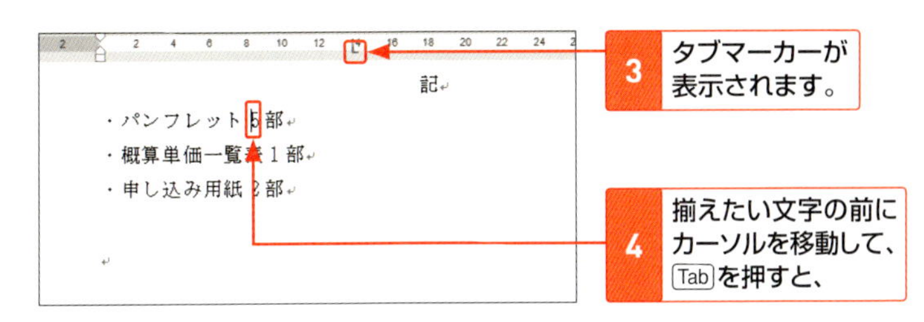

3 タブマーカーが表示されます。

4 揃えたい文字の前にカーソルを移動して、Tab を押すと、

5 文字の先頭がタブ位置に揃います。

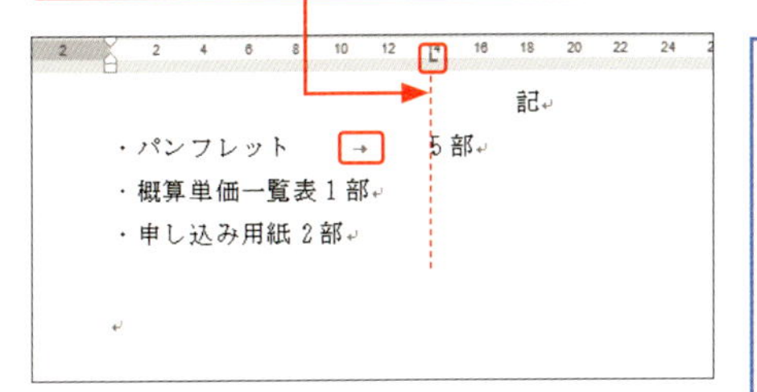

6 ほかの文字列も同様に揃えます。

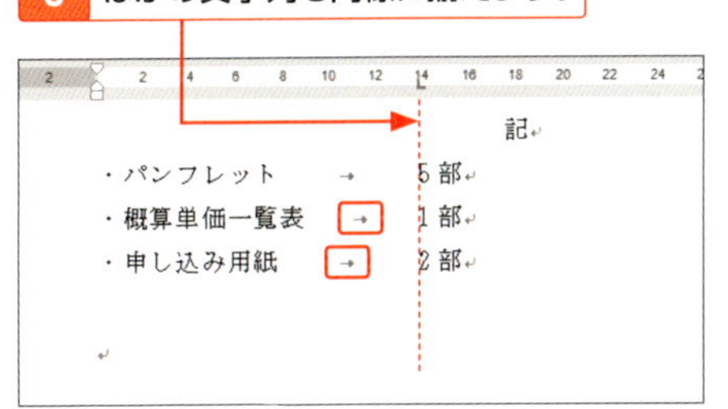

Memo

水平ルーラーの表示方法

＜表示＞タブの＜ルーラー＞をクリックしてオンにします。

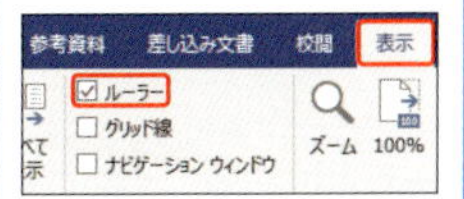

Hint

タブの解除

タブの左にカーソルを移動して Delete を押すと、タブが解除されます。

3 タブ位置を変更する

Hint

タブ位置を解除する

タブマーカー をルーラーの外にドラッグすると、タブマーカーが消えます。また、<タブとリーダー>画面（StepUp参照）で、設定したタブをクリアしても、指定を解除できます。

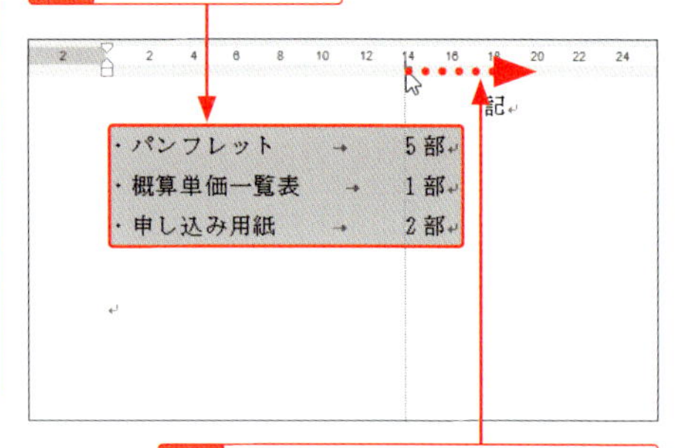

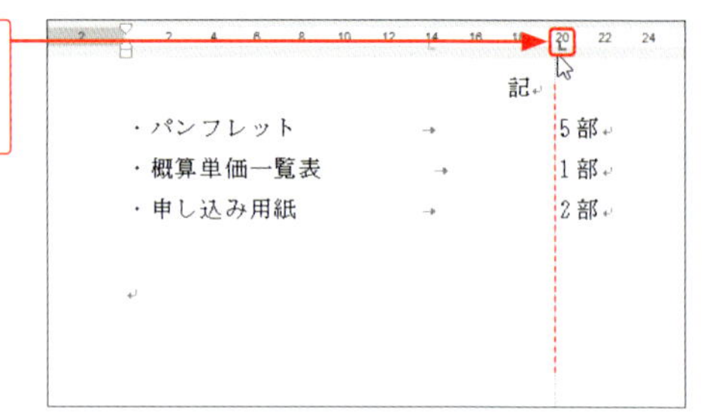

StepUp

タブの配置を数値で設定する

ルーラーをクリックすると、文字位置がずれる場合があります。タブの位置を詳細に設定するには、<タブとリーダー>画面を利用して、数値で指定するとよいでしょう。
<タブとリーダー>画面は、タブマーカーをダブルクリックするか、<段落>ダイアログボックス（Sec.26参照）の<タブ設定>をクリックすると表示されます。
なお、タブの設定が異なる複数の段落を同時に選択した場合は、まとめて設定することはできません。

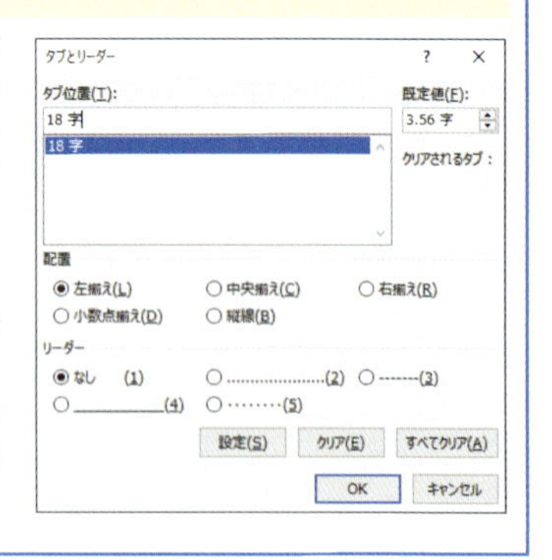

4 均等割り付けを設定する

1 文字列を選択して、

2 <ホーム>タブの<均等割り付け>をクリックします。

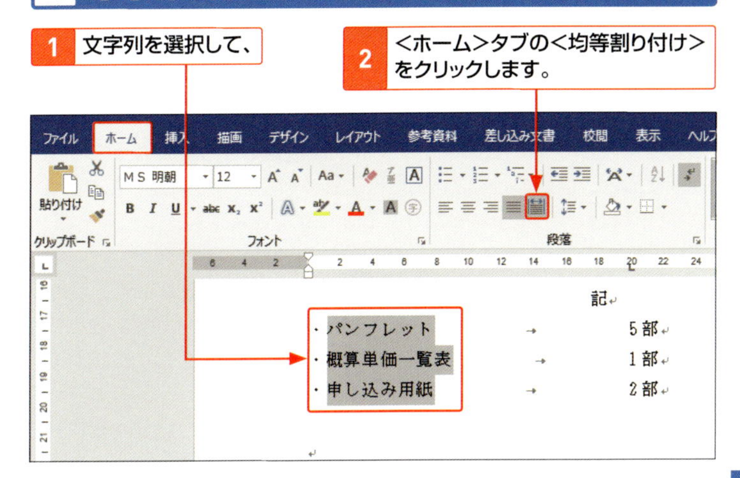

3 割り付ける幅を文字数で指定して、

4 <OK>をクリックします。

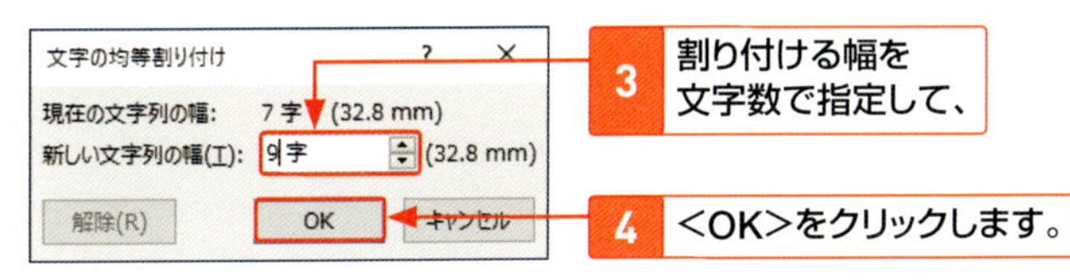

5 指定した幅に文字列の両端が揃えられます。

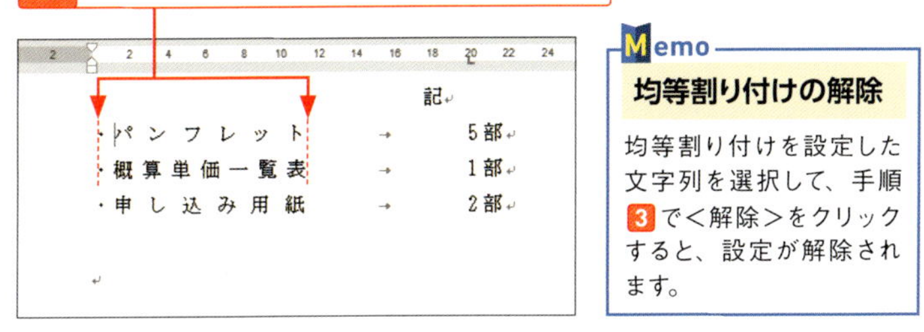

Memo

均等割り付けの解除

均等割り付けを設定した文字列を選択して、手順 3 で<解除>をクリックすると、設定が解除されます。

Memo

段落の均等割り付けの注意

段落を選択する場合に、段落記号 ↵ を含むと、正しい文字の均等割り付けができなくなります。そのため、文字列のみを選択します。また、段落を対象に均等割り付けを設定する場合は、段落にカーソルを移動して<ホーム>タブの<拡張書式> をクリックし、<文字の均等割り付け>をクリックして設定します。

インデントを設定する

段落を字下げするときは、**インデント**を設定します。インデントを利用すると、**最初の行と2行目以降に別々の字下げ**を設定したり、**段落全体をまとめて字下げ**したりすることができます。

インデント

「インデント」とは段落の左端を下げる機能のことで、以下の3種類があります。このほかに、右端を字下げする「右インデント」も利用できます。

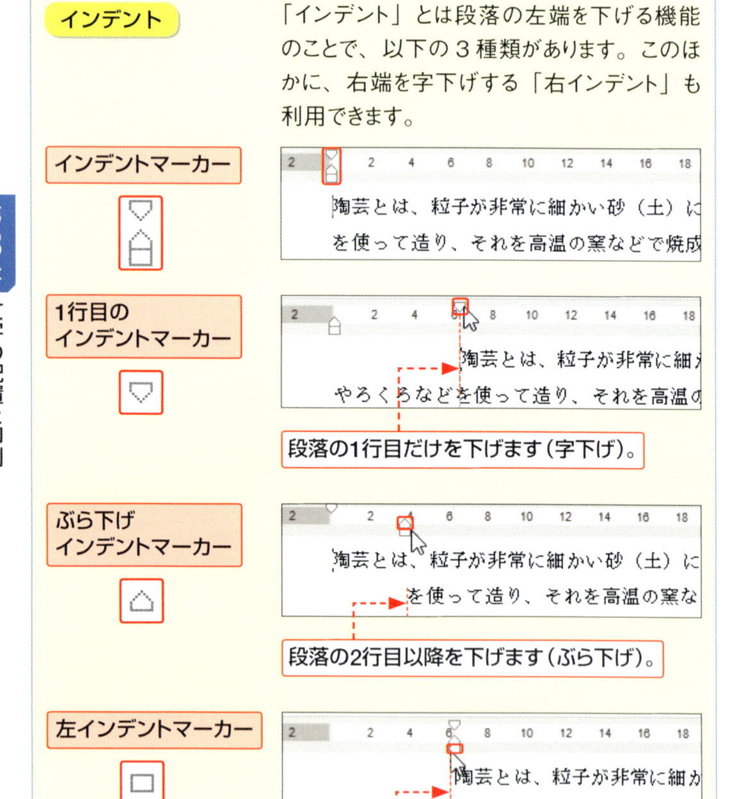

1 段落の1行目を下げる

1 段落の中にカーソルを移動して、

水平ルーラーを表示しています（P.79のMemo参照）。

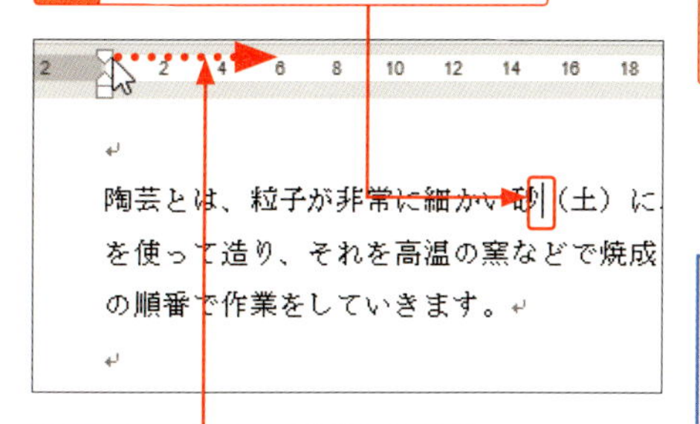

2 <1行目のインデント>マーカーをドラッグすると、

3 1行目の先頭が下がります。

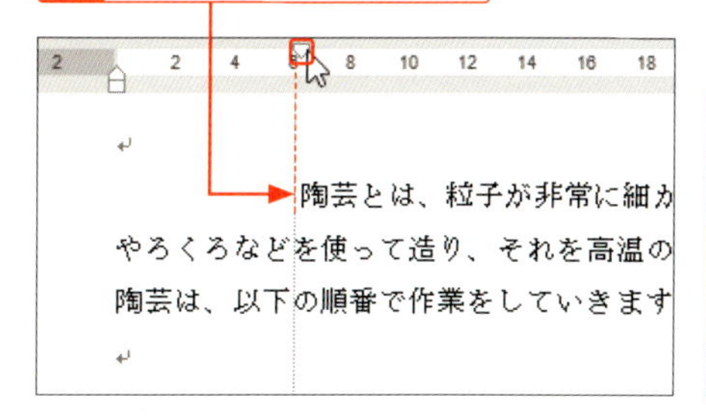

Memo

1行目のインデントマーカー

段落の1行目のみ字下げしたい場合は、<1行目のインデント>マーカーをドラッグします。

Memo

文字数で字下げする

ルーラー上をドラッグする方法は、おおよその位置になります。正確な文字数で字下げしたい場合は、Sec.26を参照ください。

Hint

複数の段落の1行目を字下げする

複数の段落を選択して、手順 2 を操作すると、各段落の1行目のみ同時に字下げができます。

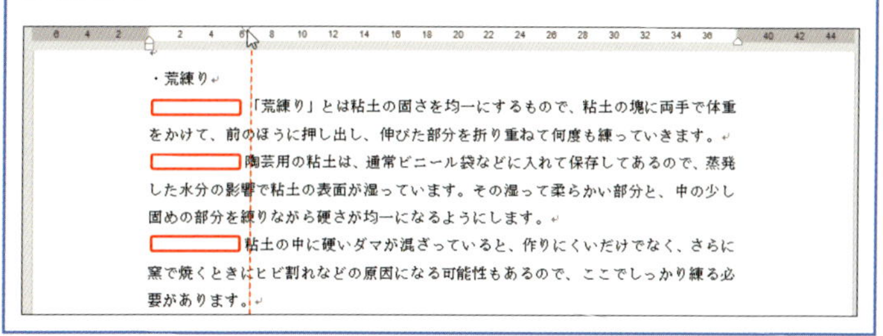

2 段落の2行目以降を下げる

Hint

インデントマーカーの微調整

Altを押しながら各インデントマーカーをドラッグすると、微調整することができます。また、<段落>ダイアログボックスを利用すると詳細な数値を設定できます（Sec.26参照）。

1 段落の中にカーソルを移動して、

2 <ぶら下げインデント>マーカーをドラッグすると、

3 2行目以降の左端が下がります。

Hint

1文字分ずつ段落を字下げする

<ホーム>タブの<インデントを増やす>をクリックすると、段落全体が1文字分下がります。<インデントを減らす>をクリックすると、段落全体のインデントが1文字分戻ります。

1 段落内にカーソルを移動して、

2 <ホーム>タブの<インデントを増やす>をクリックすると、

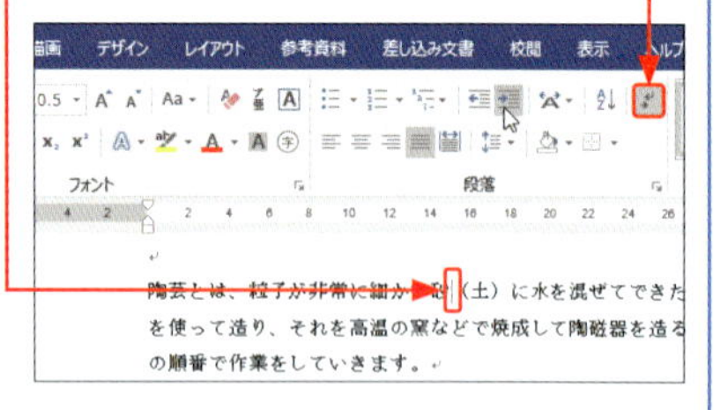

3 段落全体が1文字分字下げします。

3 インデントマーカーで段落の左端を下げる

1 段落内にカーソルを移動して、

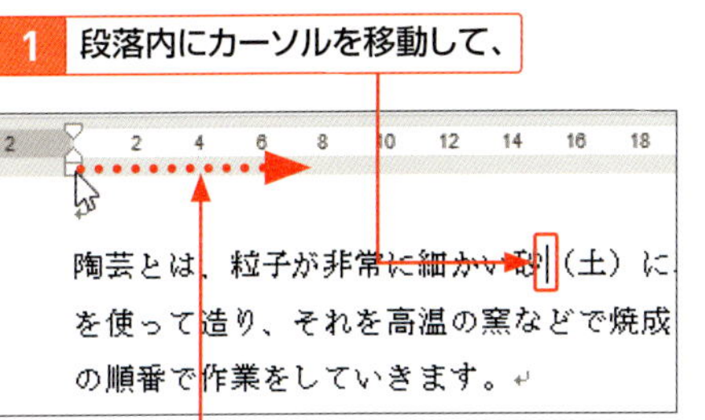

2 <左インデント>マーカーをドラッグすると、

3 選択した段落の左端が下がります。

> **Hint**
> **インデントの解除**
> 設定した段落を選択してインデントマーカーをもとの位置にドラッグするか、段落の先頭にカーソルを移動してBackSpaceを押すと、インデントが解除されます。

4 段落の右端を下げる

1 段落を選択して、

2 <右インデント>マーカーを左にドラッグします。

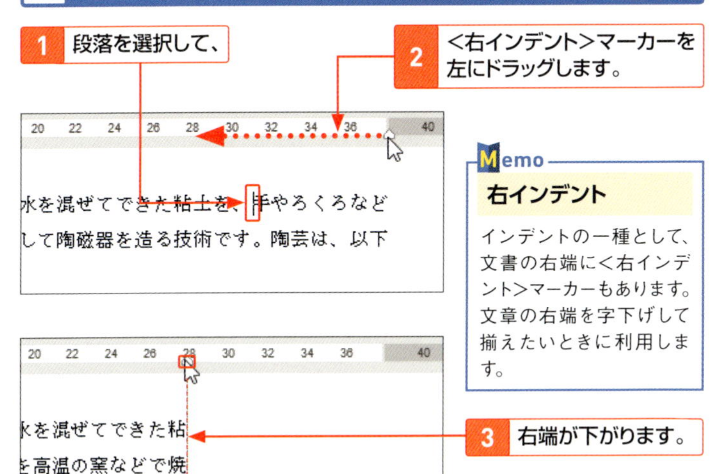

3 右端が下がります。

> **Memo**
> **右インデント**
> インデントの一種として、文書の右端に<右インデント>マーカーもあります。文章の右端を字下げして揃えたいときに利用します。

文字数を指定して字下げする

インデントマーカーをドラッグする字下げでは、文字数を正確に指定できない場合があります。文字数を指定して字下げやぶら下げを行うには、<段落>ダイアログボックスで指定します。

1 <段落>ダイアログボックスで字下げを設定する

1 字下げを設定する段落にカーソルを移動して、

2 <ホーム>タブの<段落>グループのここをクリックします。

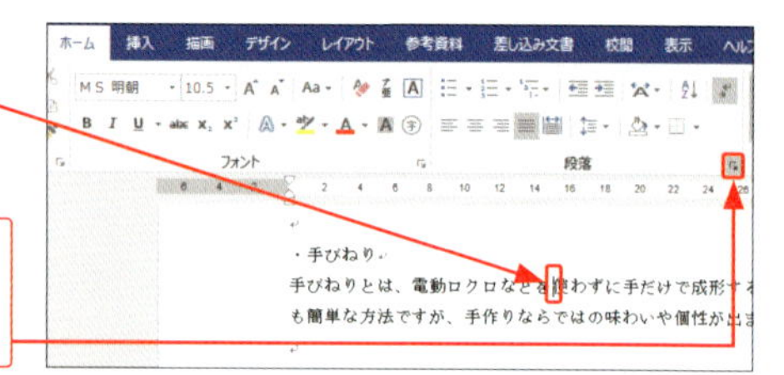

3 <段落>ダイアログボックスが表示されるので、<インデントと行間隔>をクリックします。

Hint 段落全体の字下げ

<段落>ダイアログボックスの<インデントと行間隔>にある<インデント>の<左>と<右>では、段落全体の字下げを文字数で指定することができます。

4 ここをクリックして、

5 <字下げ>を指定します。

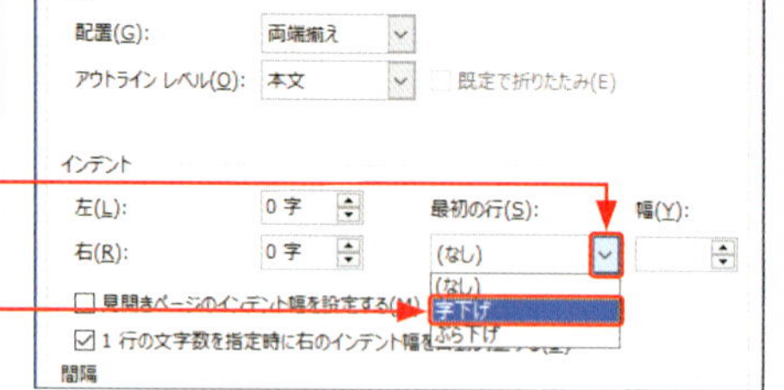

6 文字数を指定して、<OK>をクリックします。

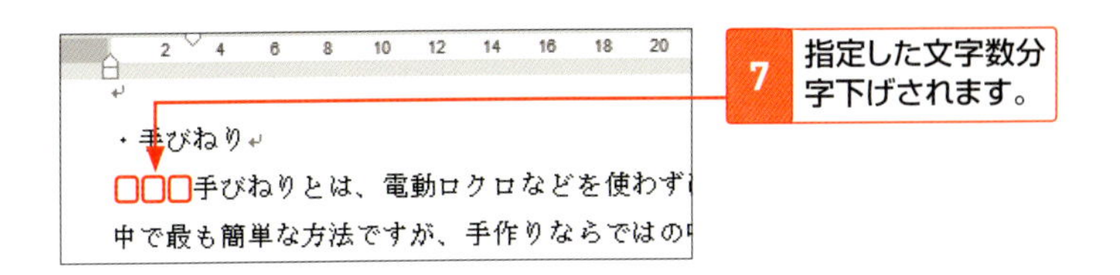

7 指定した文字数分字下げされます。

2 ＜段落＞ダイアログボックスでぶら下げを設定する

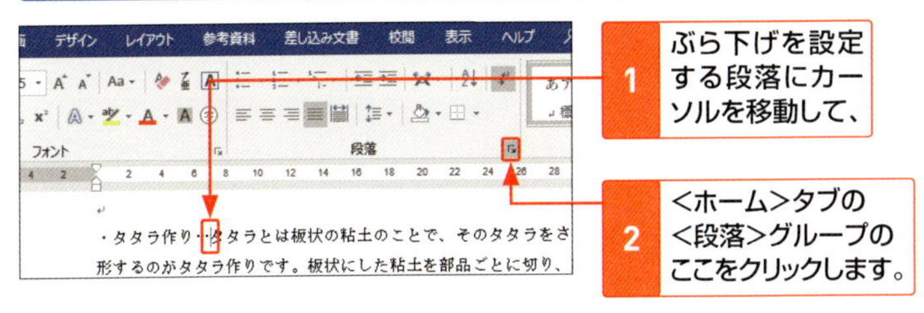

1 ぶら下げを設定する段落にカーソルを移動して、

2 ＜ホーム＞タブの＜段落＞グループのここをクリックします。

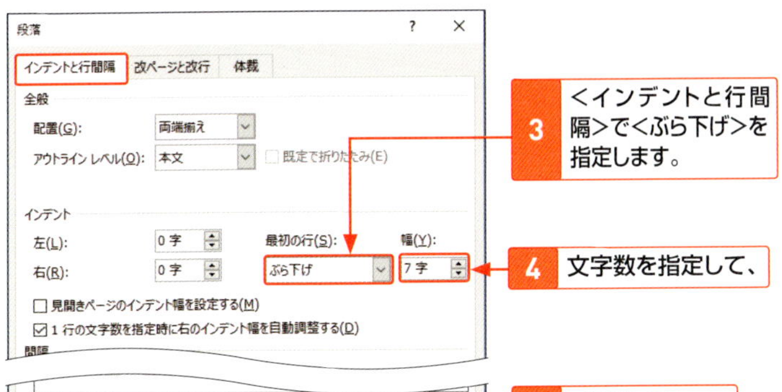

3 ＜インデントと行間隔＞で＜ぶら下げ＞を指定します。

4 文字数を指定して、

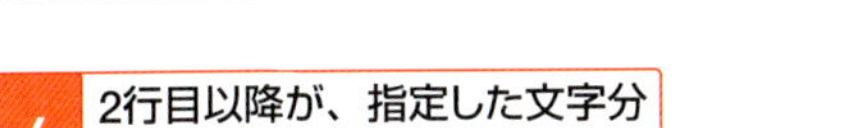

5 ＜OK＞をクリックします。

6 2行目以降が、指定した文字分ぶら下げられます。

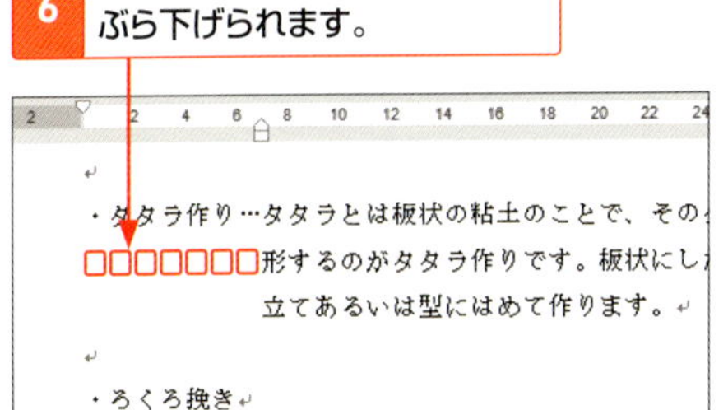

Memo インデントの解除

設定した字下げやぶら下げを解除するには、設定した段落を選択して、手順 **3** の＜最初の行＞を＜なし＞にします。

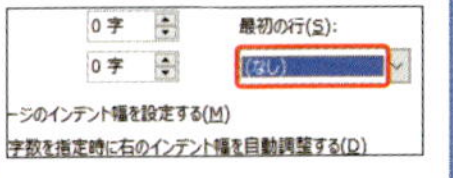

箇条書きを入力する

Wordには、自動的に箇条書きを作成する入力オートフォーマット機能があり、先頭に行頭文字を入力した箇条書きの形式になります。また、文字列に対して箇条書きを設定することもできます。

1 箇条書きを作成する

1 「・」を入力して Enter を押し、

2 続けて Space を押します。

記

・

3 文字を入力して、最後に Enter を押すと、

<オートコレクトのオプション>が表示されます(Hint参照)。

・弊社パンフレット□5部

4 次の行に「・」が自動的に入力されます。

・弊社パンフレット□5部
・概算単価一覧表□1部

5 文字を入力して、最後に Enter を押すと、

6 箇条書きが設定されるので、文字を入力します。

・弊社パンフレット□5部
・概算単価一覧表□1部
・申し込み用紙□2部

箇条書きの終了方法はP.90を参照

Hint

行頭文字を付ける

先頭に入力する「・」を「行頭文字」といいます。●や■などでも同じように箇条書きが作成されます。なお、行頭文字の記号は変更することができます(P.91参照)。

2 あとから箇条書きに設定する

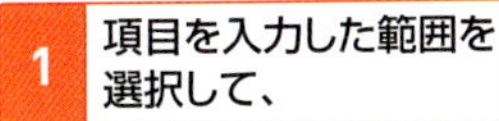

1 項目を入力した範囲を選択して、

2 <ホーム>タブの<箇条書き>をクリックすると、

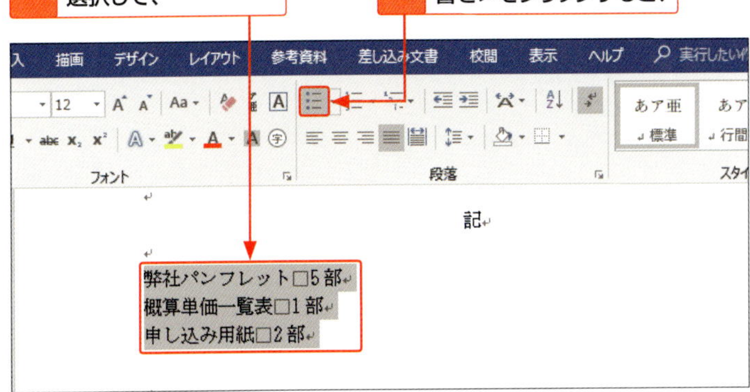

3 箇条書きが設定されます。

・弊社パンフレット□5部
・概算単価一覧表□1部
・申し込み用紙□2部

StepUp

箇条書きが設定されない場合

箇条書きは、入力オートフォーマット機能によって自動的に設定されるようになっています。設定されない場合は、この機能がオフになっていると考えられます。
<ファイル>タブの<オプション>をクリックして、<Wordのオプション>の<文章校正>で<オートコレクトのオプション>をクリックします。<オートコレクト>ダイアログボックスの<入力オートフォーマット>で<箇条書き（行頭文字）>をオンにします。

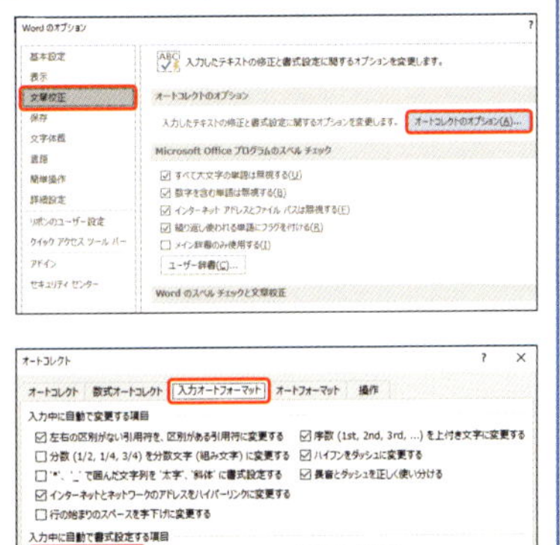

3 箇条書きの設定を終了する

Hint

箇条書きをまとめて解除する

箇条書きが設定されている段落をすべて選択して、＜箇条書き＞ をクリックします。

1 箇条書きの最後の行で Enter を押します。

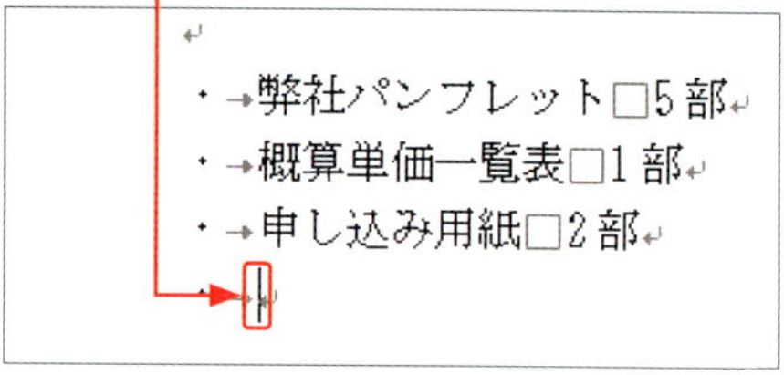

・→弊社パンフレット□5 部
・→概算単価一覧表□1 部
・→申し込み用紙□2 部

2 箇条書きが解除され、通常の行になります。

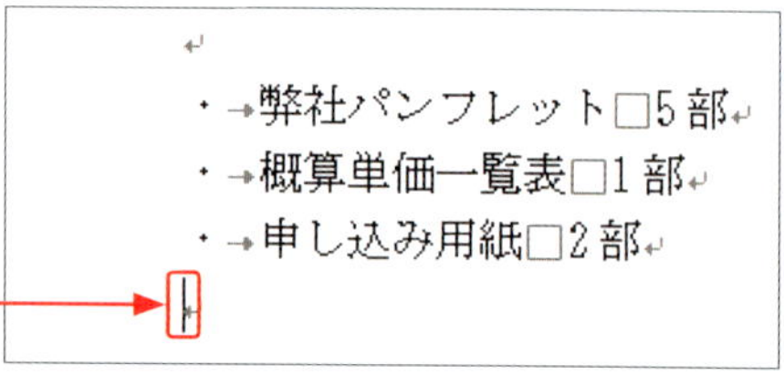

・→弊社パンフレット□5 部
・→概算単価一覧表□1 部
・→申し込み用紙□2 部

Hint

勝手に箇条書きにしたくない

「・」などの記号を入力すると、自動的に箇条書きになります。箇条書きにしたくない場合は、＜オートコレクトのオプション＞でこの機能をオフにすることができます（P.89のStepUp参照）。
その都度設定する場合は、右のように＜オートコレクトのオプション＞ をクリックして、＜箇条書きを自動的に作成しない＞をクリックします。

1 マウスポインターを合わせます。

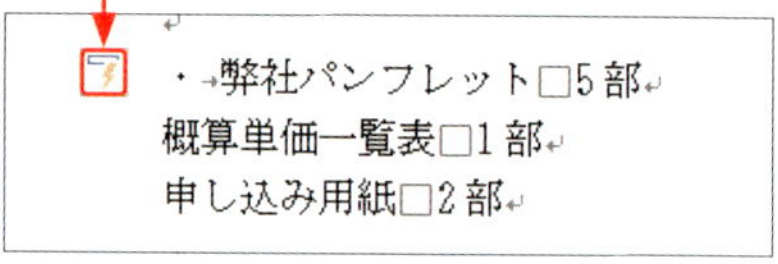

・→弊社パンフレット□5 部
概算単価一覧表□1 部
申し込み用紙□2 部

2 メニューが表示されるので、

3 ここをクリックします。

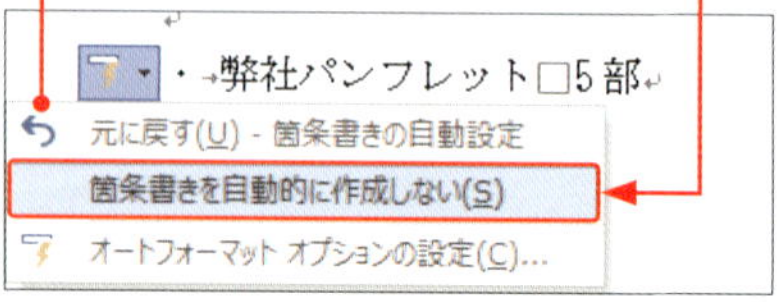

・→弊社パンフレット□5 部
元に戻す(U) - 箇条書きの自動設定
箇条書きを自動的に作成しない(S)
オートフォーマット オプションの設定(C)...

4 行頭文字の記号を変更する

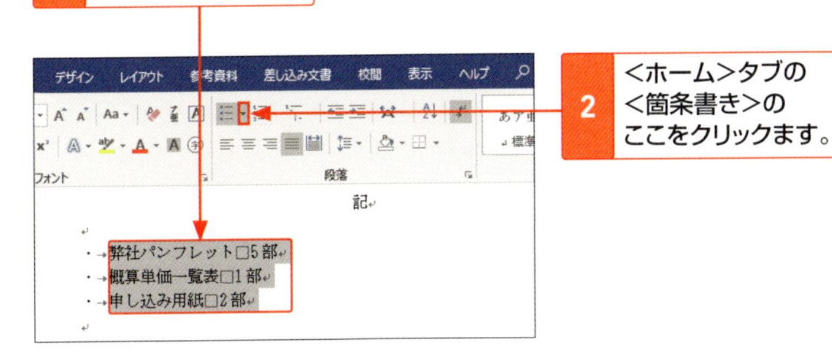

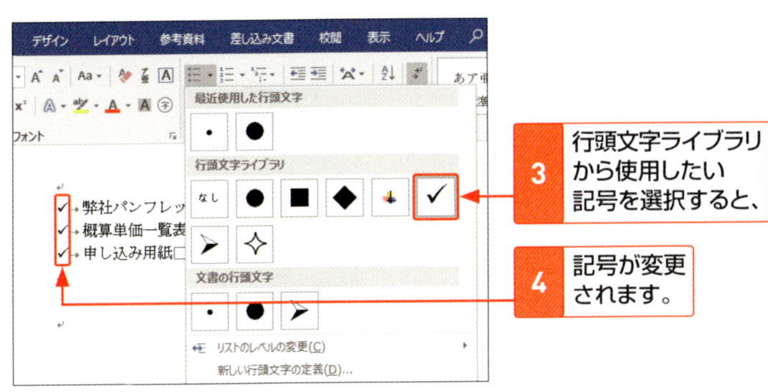

StepUp

新しい行頭文字を設定する

手順3のメニューで<新しい行頭文字の定義>をクリックして、表示される<新しい行頭文字の定義>画面で、新しい行頭文字を設定することができます。
<記号>をクリックすると、<記号と特殊文字>ダイアログボックス（P.69参照）が表示され、文字や記号を選択します。
<図>をクリックすると、<画像の挿入>画面が表示され、画像や図を検索して、挿入することができます。

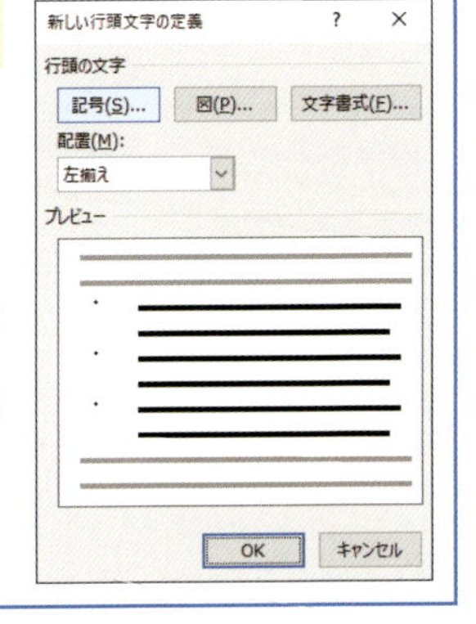

段落番号を設定する

段落番号を設定すると、段落の先頭に連続した番号を振ることができます。段落番号は、追加や削除を行っても自動で連続した番号に振り直されます。また、途中で新たに振り直すこともできます。

1 段落に連続した番号を振る

1 段落をドラッグして選択し、

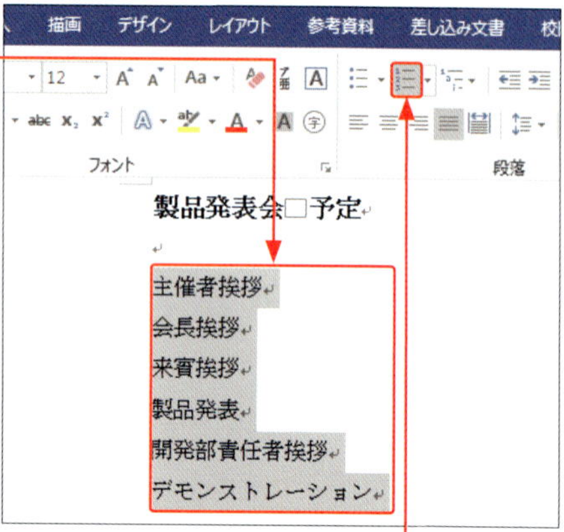

2 <ホーム>タブの<段落番号>をクリックします。

3 連続した番号が振られます。

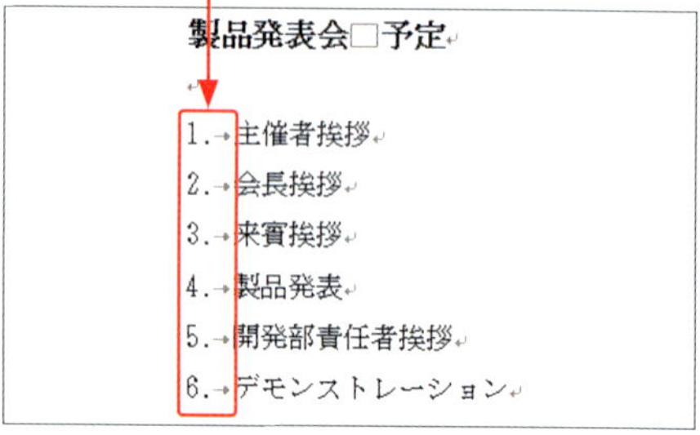

Keyword 段落番号

「段落番号」は、箇条書きで段落の先頭に付けられる「1.」「2.」などの数字のことです。番号の種類を変更（P.93参照）した場合は、次回変更されるまで、その種類の番号が振られます。

Hint 段落番号を削除する

段落番号を削除する場合は、削除したいすべての段落を選択して、有効になっている<段落番号>をクリックします。または、段落番号をクリックして選択し、Delete または BackSpace を押すと、1つずつ削除できます。

2 段落番号の種類を変更する

1 段落番号の上でクリックすると、段落番号がすべて選択されます。

2 <ホーム>タブの<段落番号>のここをクリックして、

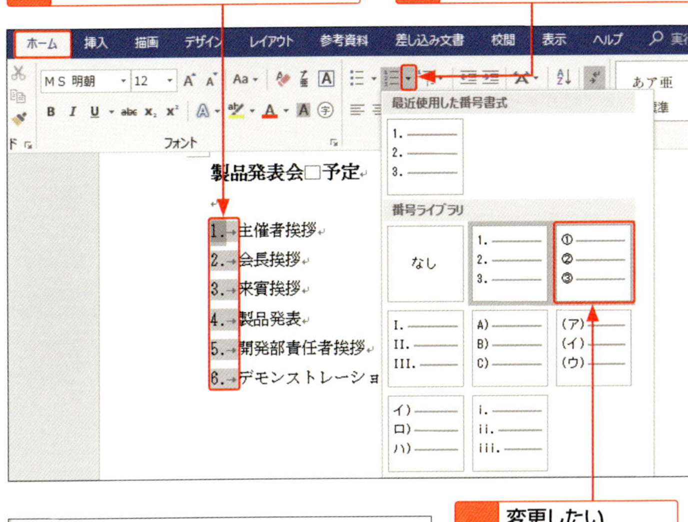

3 変更したい段落番号の種類をクリックすると、

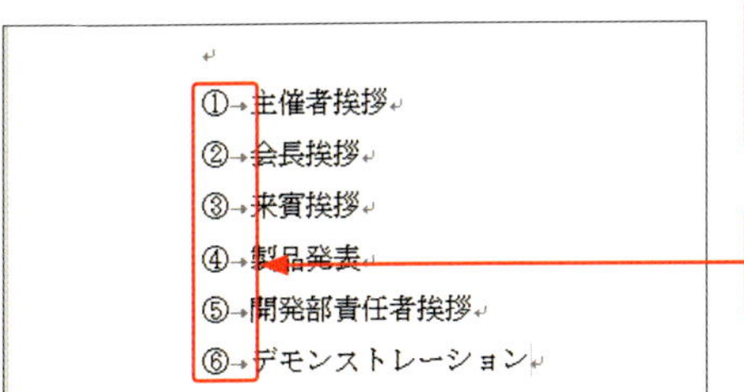

4 段落番号が変更されます。

Hint そのほかの段落番号の種類を選ぶ

手順 3 のメニューのいちばん下にある<新しい番号書式の定義>をクリックして、表示される<新しい番号書式の定義>画面で<番号の種類>から選ぶことができます。

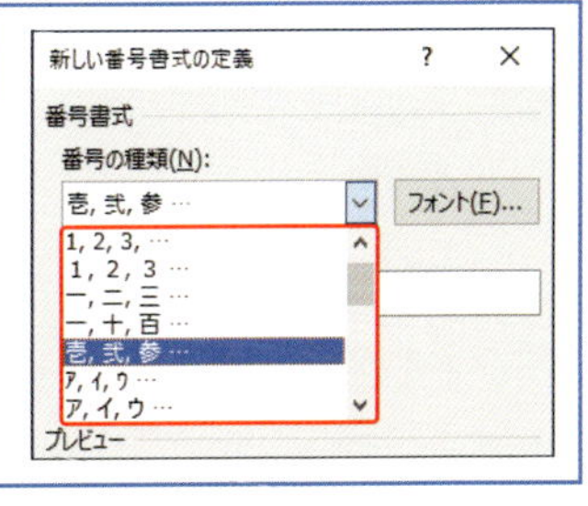

第3章 文字の配置と印刷

3 段落番号の書式を変更する

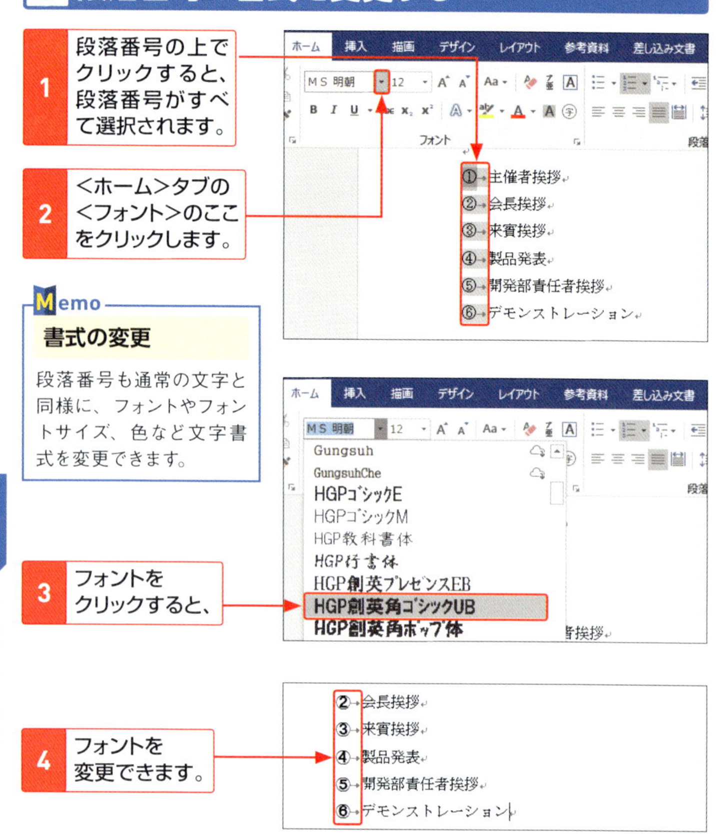

Memo

書式の変更

段落番号も通常の文字と同様に、フォントやフォントサイズ、色など文字書式を変更できます。

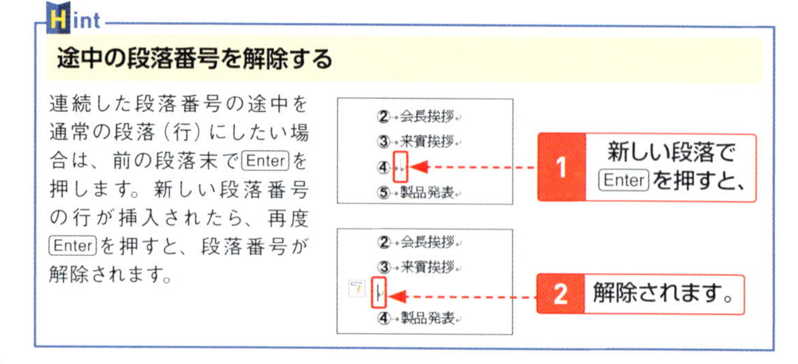

1 新しい段落で Enter を押すと、
2 解除されます。

Hint

途中の段落番号を解除する

連続した段落番号の途中を通常の段落（行）にしたい場合は、前の段落末でEnterを押します。新しい段落番号の行が挿入されたら、再度Enterを押すと、段落番号が解除されます。

4 段落番号を途中から振り直す

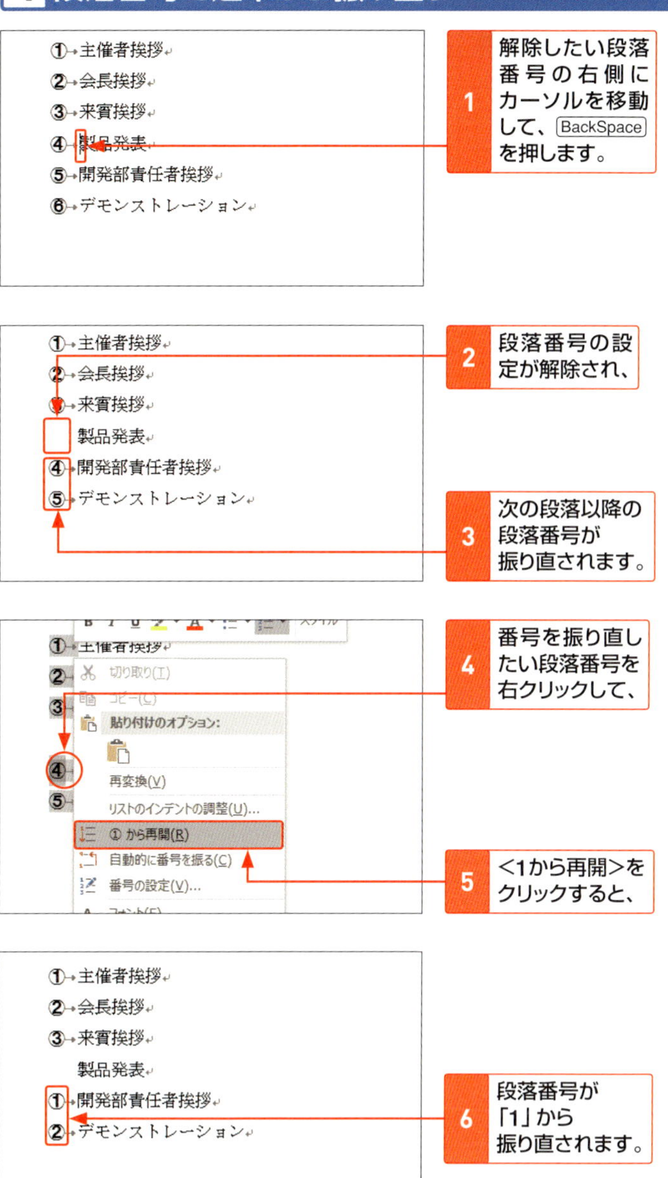

段組みを設定する

Wordでは、文書全体、あるいは一部の範囲に**段組み**を設定することができます。さらに、**段幅や段の間隔**を変更したり、段間に**境界線**を入れて読みやすくすることも可能です。

1 文書全体に段組みを設定する

1 段組みにする範囲を選択して、

2 <レイアウト>タブの<段組み>をクリックし、

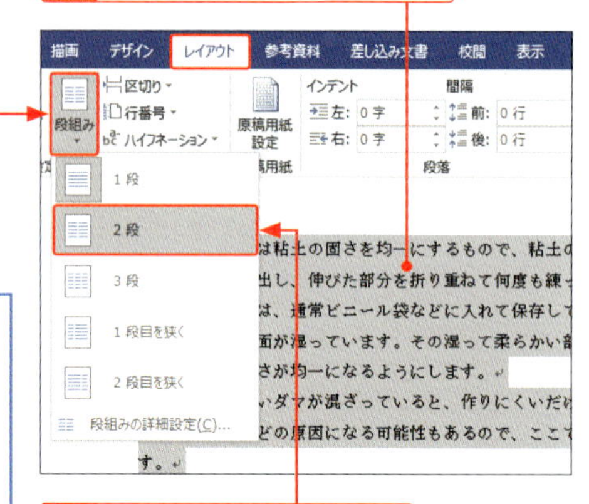

3 設定したい段数（ここでは<2段>）をクリックします。

4 指定した段数で段組みが設定されます。

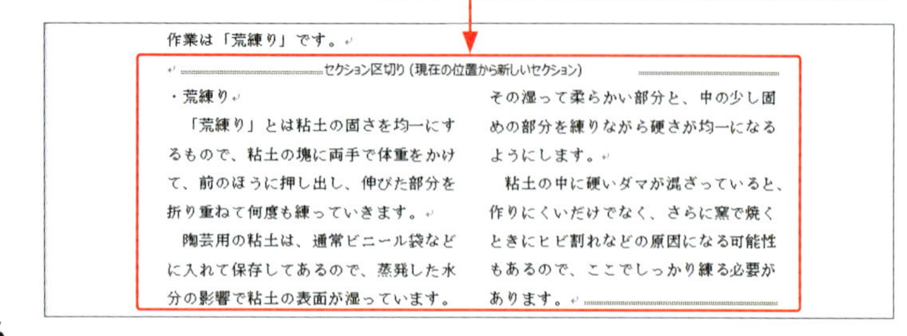

作業は「荒練り」です。

セクション区切り（現在の位置から新しいセクション）

・荒練り

「荒練り」とは粘土の固さを均一にするもので、粘土の塊に両手で体重をかけて、前のほうに押し出し、伸びた部分を折り重ねて何度も練っていきます。

陶芸用の粘土は、通常ビニール袋などに入れて保存してあるので、蒸発した水分の影響で粘土の表面が湿っています。その湿って柔らかい部分と、中の少し固めの部分を練りながら硬さが均一になるようにします。

粘土の中に硬いダマが混ざっていると、作りにくいだけでなく、さらに窯で焼くときにヒビ割れなどの原因になる可能性もあるので、ここでしっかり練る必要があります。

Memo　段組みの設定

1行が長すぎて読みにくい場合など、段組みを利用すると便利です。最初に範囲を選択しなければ、文書すべてに段組みが設定されます。

2 段の幅を調整して段組みを設定する

1 P.96の手順 **3** で<段組みの詳細設定>をクリックして、<段組み>ダイアログボックスを表示します。

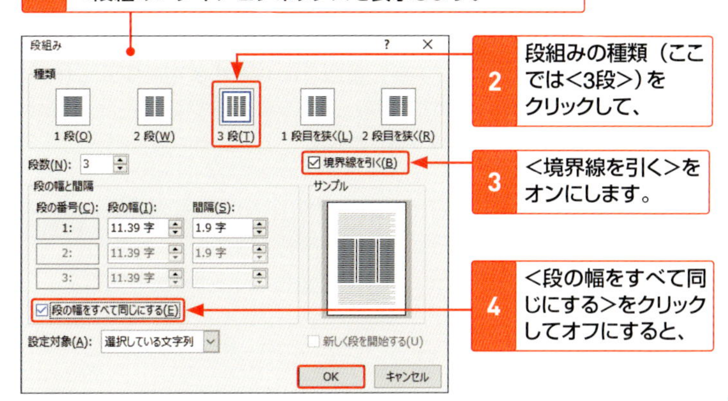

2 段組みの種類（ここでは<3段>）をクリックして、

3 <境界線を引く>をオンにします。

4 <段の幅をすべて同じにする>をクリックしてオフにすると、

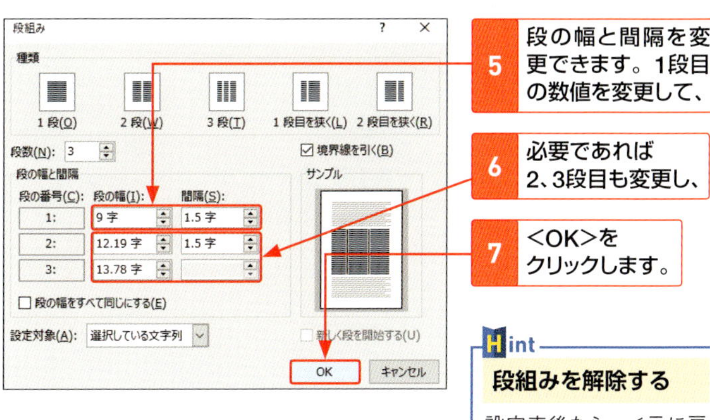

5 段の幅と間隔を変更できます。1段目の数値を変更して、

6 必要であれば2、3段目も変更し、

7 <OK>をクリックします。

「土練り」には、「荒練り」と「菊練り」という２つの方法があります。はじめに行う作業は「荒練り」です。

セクション区切り (現在の位置から新しいセクション)

・荒練り

「荒練り」とは粘土の固さを均一にするもので、粘土の塊に両手で体重をかけて、前のほうに押し出し、伸びた部分を折り重ねて何度も練っていきます。

陶芸用の粘土は、通常ビニール袋などに入れて保存してあるので、蒸発した水分の影響で粘土の表面が湿っています。その湿って柔らかい部分と、中の少し固めの部分を練りながら硬さが均一になるようにします。

粘土の中に硬いダマが混ざっていると、作りにくいだけでなく、さらに窯で焼くときにヒビ割れなどの原因になる可能性もあるので、ここでしっかり練る必要があります。

8 指定した幅の段組みが設定されます。

Hint 段組みを解除する

設定直後なら、<元に戻す>をクリックすれば、段組みを解除できます(Sec.07参照)。あとから解除する場合は、段組みの段落を選択して、手順 **3** で<1段>をクリックして1段にします。残ったセクション区切り（P.53参照）を選択し、Delete を押して削除します。

縦書きの文書を作成する

文書の初期設定は横書きですが、縦書きにもできます。すでに作成された文書を縦書きに変更したり、1つの文書の中で縦書きと横書きを混在させたりすることも可能です。

1 横書き文書を縦書き文書に変更する

Memo

新規文書を縦書きにする

新規文書で、右の手順を操作するか、＜ページ設定＞ダイアログボックス（P.74参照）で＜縦書き＞を指定すると、文書が縦書きになります。

1 ＜レイアウト＞タブをクリックして、

2 ＜文字列の方向＞をクリックし、

3 ＜縦書き＞をクリックします。

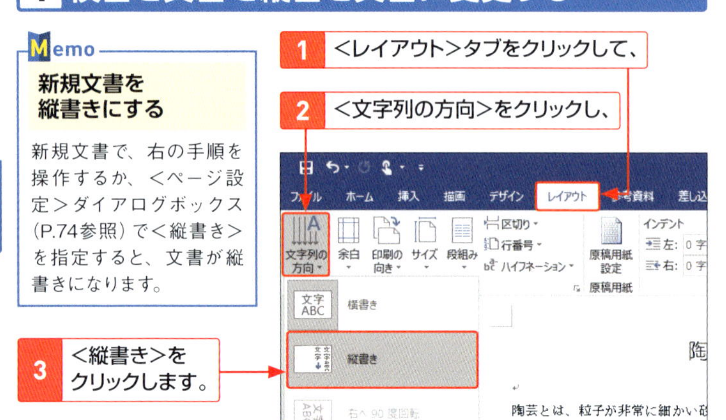

4 文書が縦書きに変更されます。

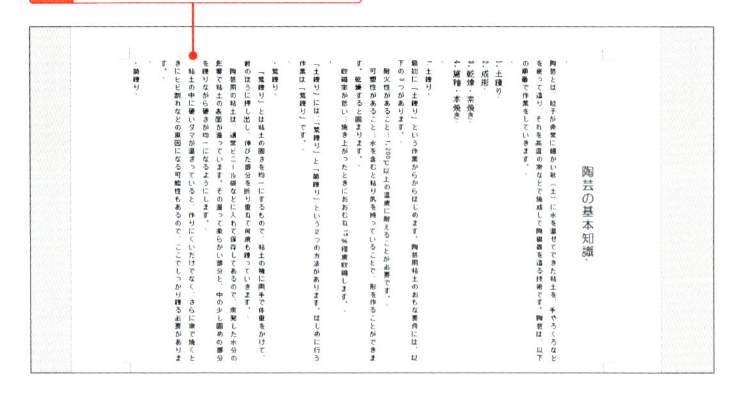

陶芸の基本知識

陶芸とは、粒子が非常に細かい砂（土）に水を混ぜてできた粘土を、手やろくろなどを使って造り、それを高温の窯などで焼成して陶磁器を造る技術です。陶芸は、以下の順番で作業をしていきます。

1. 土練り
2. 成形
3. 乾燥・素焼き
4. 施釉・本焼き

1. 土練り

最初に「土練り」という作業からからはじめます。陶芸用粘土のおもな要件には、以下の3つがあります。

耐火性があること…1,200℃以上の温度に耐えることが必要です。

可塑性があること…水を含むと粘り気を持っていることで、形を作ることができます。乾燥すると固まります。

収縮率が低い…焼き上がったときにおおむね15％程度収縮します。

「土練り」には、「荒練り」と「菊練り」という2つの方法があります。はじめに行う作業は「荒練り」です。

・荒練り

「荒練り」とは粘土の固さを均一にするもので、粘土の塊に両手で体重をかけて、前のほうに押し出し、伸びた部分を折り重ねて何度も練っていきます。

陶芸用の粘土は、通常ビニール袋などに入れて保存してあるので、蒸発した水分の影響で粘土の表面が湿っています。その湿って柔らかい部分と、中の少し固めの部分を練りながら硬さが均一になるようにします。

粘土の中に硬いダマが混ざっていると、作りにくいだけでなく、さらに窯で焼くときにヒビ割れなどの原因になる可能性もあるので、ここでしっかり練る必要があります。

・菊練り

2 縦書き文書の途中から横書きにする

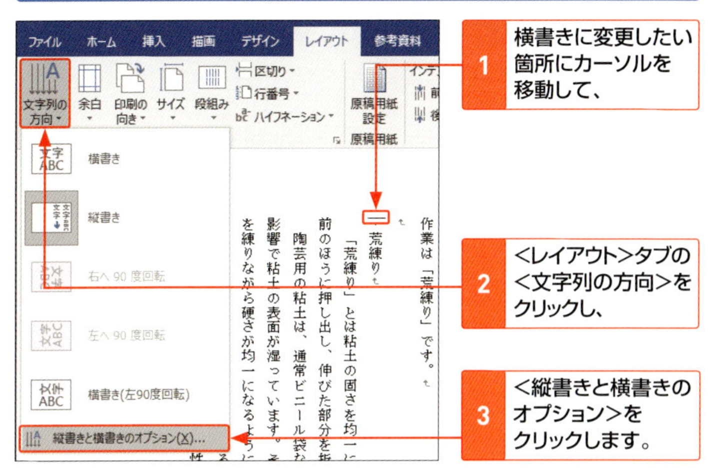

1 横書きに変更したい箇所にカーソルを移動して、

2 <レイアウト>タブの<文字列の方向>をクリックし、

3 <縦書きと横書きのオプション>をクリックします。

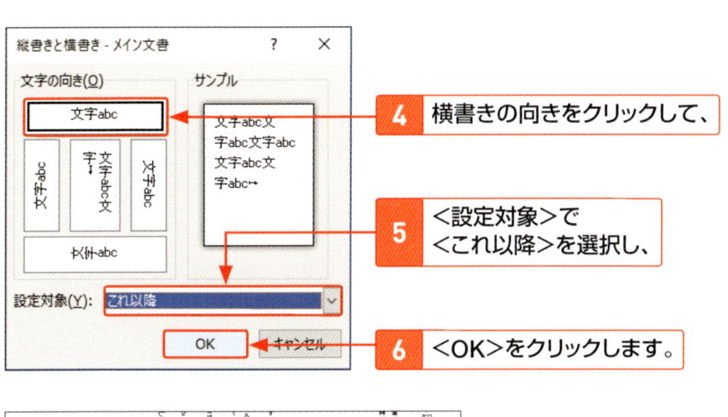

4 横書きの向きをクリックして、

5 <設定対象>で<これ以降>を選択し、

6 <OK>をクリックします。

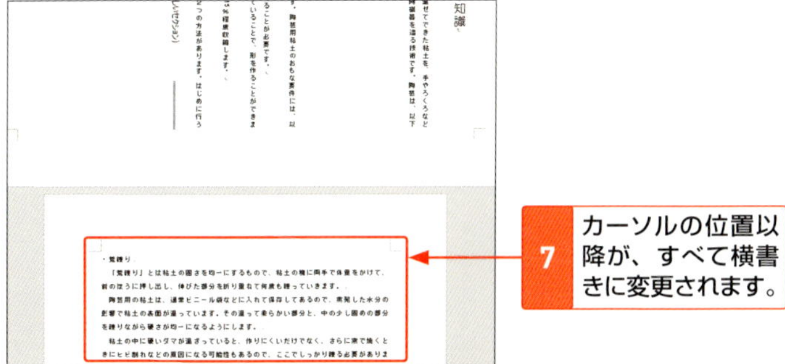

7 カーソルの位置以降が、すべて横書きに変更されます。

文書を印刷する

文書が完成したら、印刷してみましょう。印刷の前に、印刷プレビューで印刷イメージを確認します。<印刷>画面では、ページ設定の確認、プリンターや印刷する条件などを設定できます。

Backstage ビューの<印刷>画面構成

Word 2019 は、Backstage ビューの<印刷>画面に、印刷プレビューやプリンターの設定、印刷内容の設定など印刷を実行するための機能がまとまって用意されています。

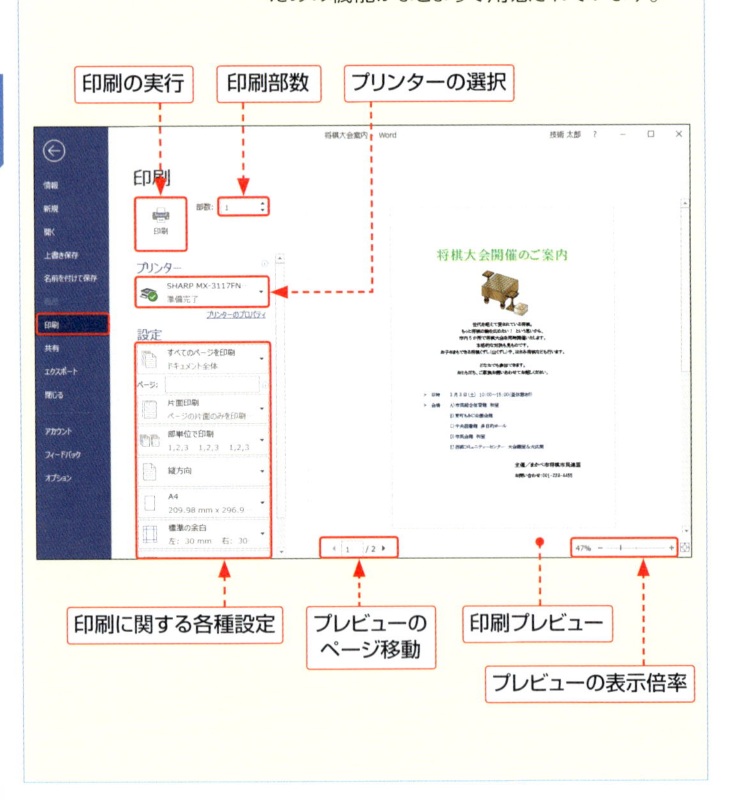

1 印刷の前に印刷イメージを確認する

1 印刷する文書を開き、

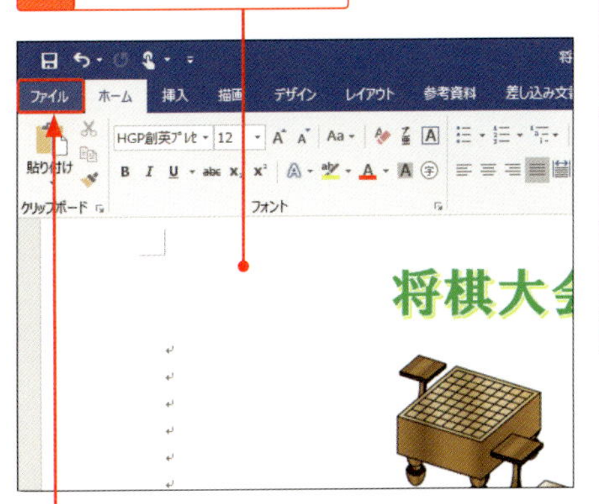

2 <ファイル>タブをクリックします。

3 <印刷>をクリックすると、

4 印刷プレビューが表示されます。

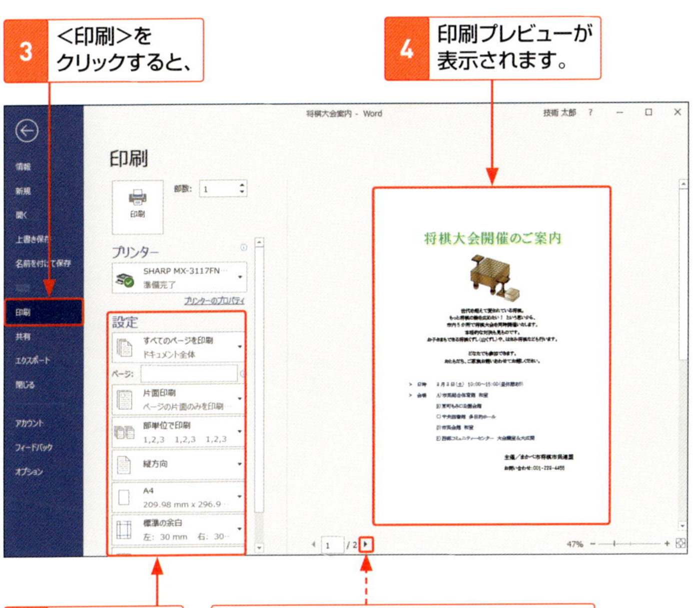

5 ページ設定を確認します。

複数ページある場合は、<次ページ>をクリックして2ページ目以降を確認します。

Hint 印刷プレビューの表示倍率

印刷プレビューの表示倍率を変更するには、印刷プレビューの右下にあるズームスライダーをドラッグするか、左右の<拡大>、<縮小>をクリックします。

2 文書を印刷する

Memo

印刷する前に

プリンターの電源と用紙がセットされていることを前もって確認しましょう。また、手順1でプリンターを設定した場合、必ず<準備完了>と表示されていることを確認してください（表示されるプリンター名は利用しているプリンターによって異なります）。

1 プリンターを確認して、

2 <印刷>をクリックします。

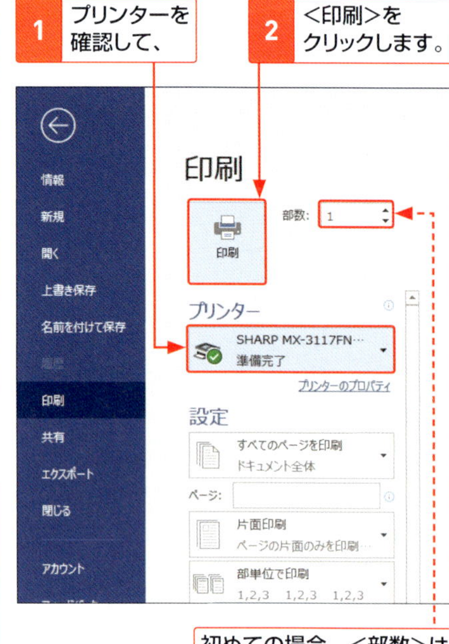

初めての場合、<部数>は「1」で印刷します。

Memo

印刷部数の指定

初めて印刷する場合は、まず1部印刷して仕上がりを確認してから、<部数>に必要枚数を指定するとよいでしょう。

Hint

白黒印刷にする

文字に色を付けたり、カラーの写真を挿入していても、白黒（モノクロ）で印刷したい場合は、プリンターの設定を変更します。<プリンターのプロパティ>をクリックして、<プリンターのプロパティ>画面を表示し、白黒印刷の項目に設定します。この項目は、プリンターの機種によって異なります。詳しくは、プリンターのマニュアルでご確認ください。

3 用紙の向きを変える

縦方向を横方向に変更します。

1 ここをクリックして、

2 <横方向>をクリックします。

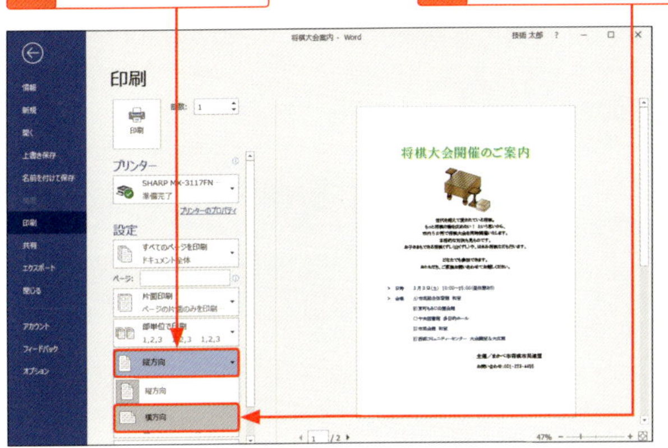

3 用紙の向きが変更になります。

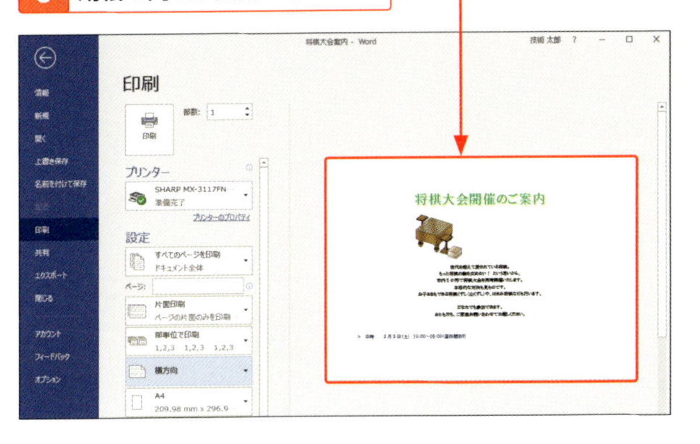

Memo

用紙の向き

用紙の向きは、文書作成の最初にページ設定（Sec.22参照）で設定していますが、ここで変更することもできます。ただし、図などを配置している場合は、レイアウトが崩れてしまう可能性があるので注意が必要です。変更した場合は、必ず印刷プレビューを確認してください。

さまざまな方法で印刷する

Wordの印刷では、文書内の一部分だけや、ページ範囲を指定して印刷することができます。また、印刷方法を指定したり、両面印刷にしたり、目的に合わせた印刷設定をすることができます。

1 印刷する範囲を指定する

1 印刷したい部分を選択して、

2 <ファイル>タブをクリックします。

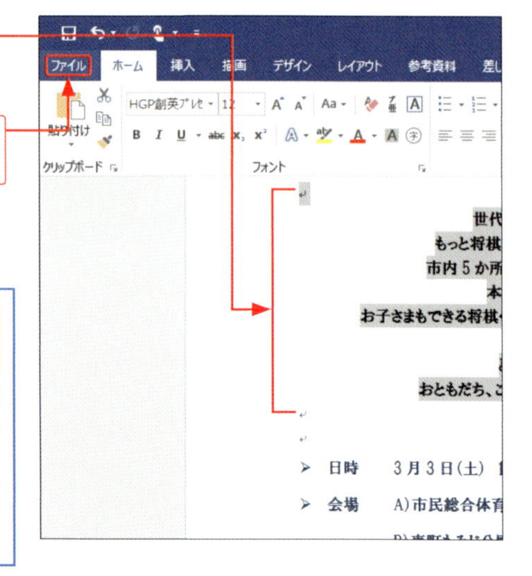

Memo 文書の一部を印刷する

あらかじめ印刷する範囲を選択して、<選択した部分を印刷>を指定します。なお、印刷プレビューに選択範囲は表示されません。

Hint 印刷するページ範囲を指定する

<すべてのページを印刷>をクリックして、<ユーザー設定の範囲>をクリックします<ページ>に印刷したいページ範囲を「2-5」(2～5ページまで)のように指定します。

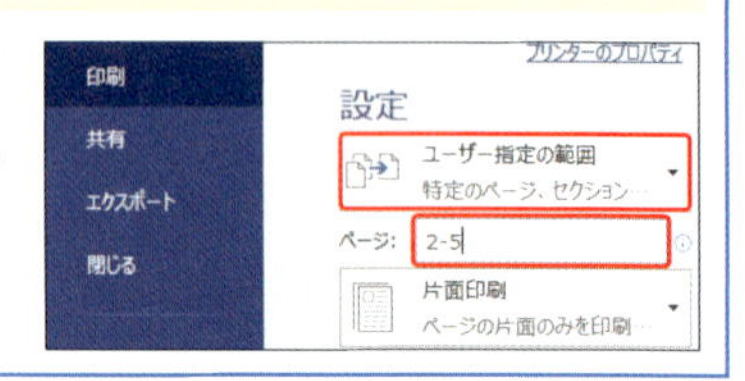

3 <印刷>をクリックして、

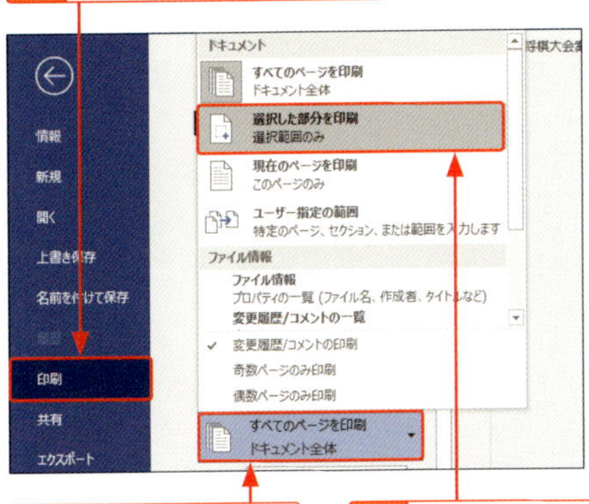

4 ここをクリックし、

5 <選択した部分を印刷>をクリックします。

Memo

現在のページを印刷

<すべてのページを印刷>をクリックして、<現在のページを印刷>を指定すると、カーソルが置いてあるページ（現在のページ）のみを印刷することができます。

2 複数ページの印刷方法を指定する

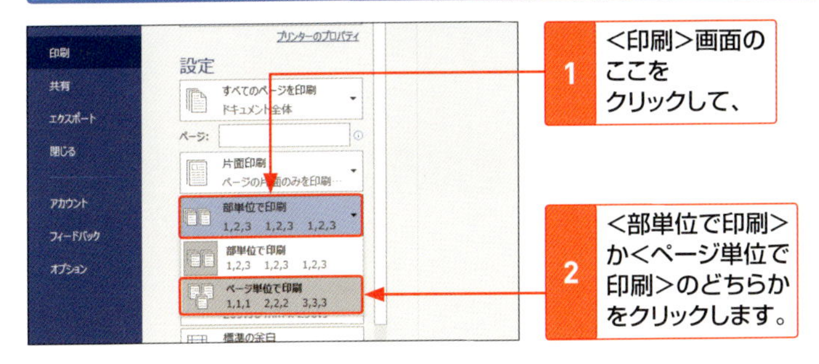

1 <印刷>画面のここをクリックして、

2 <部単位で印刷>か<ページ単位で印刷>のどちらかをクリックします。

Hint

部単位とページ単位で印刷

複数ページを印刷する場合、部単位で印刷するか、ページ単位で印刷するかを指定できます。<部単位で印刷>は、複数ページをひとまとまりの部として指定した部数が印刷されます。<ページ単位で印刷>は、1ページ目が指定した部数で印刷され、次に2ページ目、3ページ目と順に印刷されます。

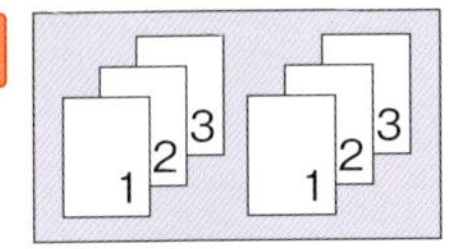

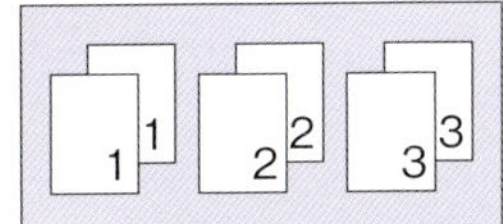

3 自動で両面印刷をする

長辺／短辺を綴じる

自動の両面印刷では、文書が縦置きの場合は<両面印刷（長辺を綴じます）>、横置きの場合は<両面印刷（短辺を綴じます）>を指定します。

1 <片面印刷>をクリックし、

2 <両面印刷（長辺を綴じます）>をクリックします。

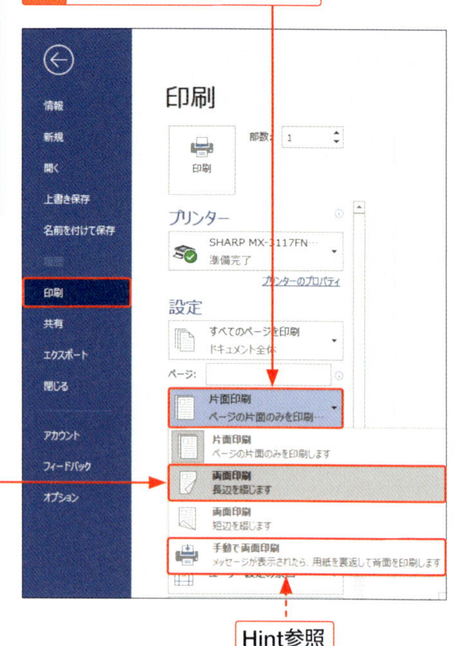

Hint参照

Hint

手動で両面印刷

自動で両面を印刷するには、ソーサー付きのプリンターでなければできません。片面しか印刷できないプリンターの場合は、手順2で<手動で両面印刷>をクリックします。通常に片面を印刷したら、下図のような用紙セットのメッセージが表示されますで、印刷した用紙をプリンターの用紙カセットにセットし直して、<OK>をクリックすると、裏面が印刷されます。

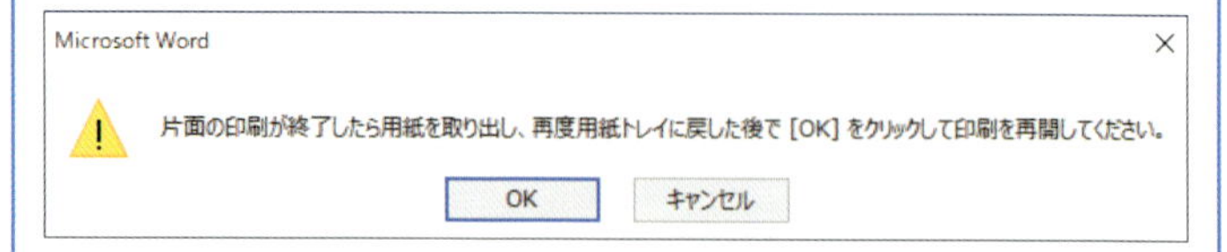

第4章

文書のデザイン

フォントサイズと フォントを変更する

フォントサイズを大きくしたり、フォントの種類を変更したりすると、文書のタイトルや重要な部分を目立たせることができます。変更するには、＜フォントサイズ＞と＜フォント＞のボックスを利用します。

1 フォントサイズを変更する

Keyword

フォント／フォントサイズ

フォントは文字の書体、フォントサイズは文字の大きさのことです。それぞれ、＜ホーム＞タブの＜フォント＞ボックスと＜フォントサイズ＞ボックスで設定できます。なお、フォントサイズの単位「pt（ポイント）」は表示上、省略されています。

1 フォントサイズを変更したい文字列をドラッグして選択します。

2 ＜ホーム＞タブの＜フォントサイズ＞の▾をクリックして、

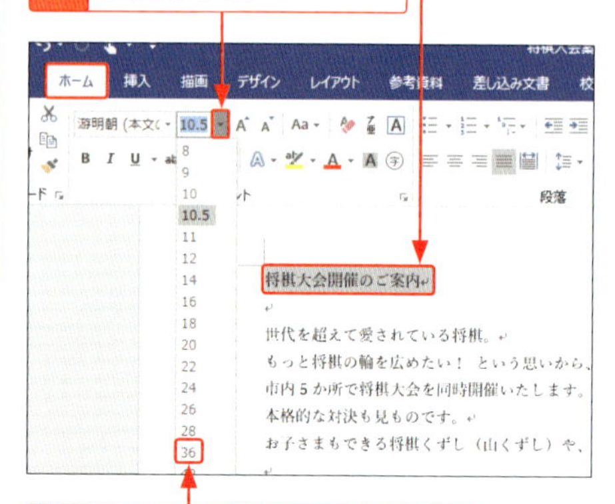

3 目的のサイズをクリックすると、

4 サイズが変更されます。

将棋大会開催のご案内

世代を超えて愛されている将棋。

2 フォントを変更する

1 フォントを変更したい文字列をドラッグして選択します。

2 <ホーム>タブの<フォント>の▾をクリックして、

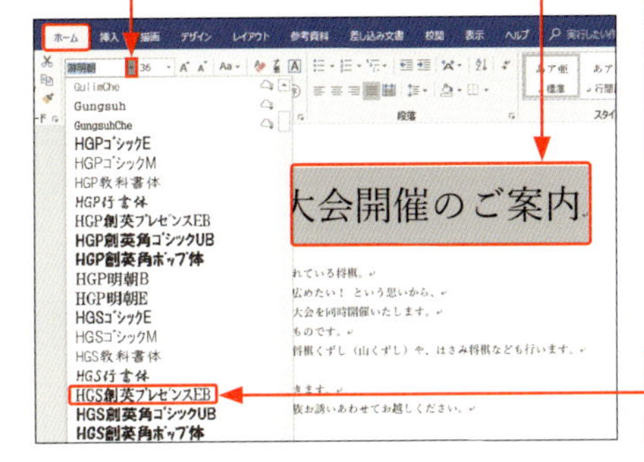

3 目的のフォントをクリックします。

将棋大会開催のご案内

世代を超えて愛されている将棋。

4 フォントが変更されます。

Hint フォントのプレビュー表示

手順**3**で表示される一覧には、フォント名が実際の書体で表示されます。マウスポインターを合わせるとフォントがプレビューされます。

Memo フォントの変更方法の違い

<フォント>ボックスで変更した場合は、選択した文字列だけが変更されます。一方、<フォント>ダイアログボックス（P.74参照）で変更した場合は、現在開いている文書の標準フォントとして設定されます。

Hint ミニツールバーを利用する

文字列を選択すると表示されるミニツールバーでも、フォントサイズやフォントを変更できます。

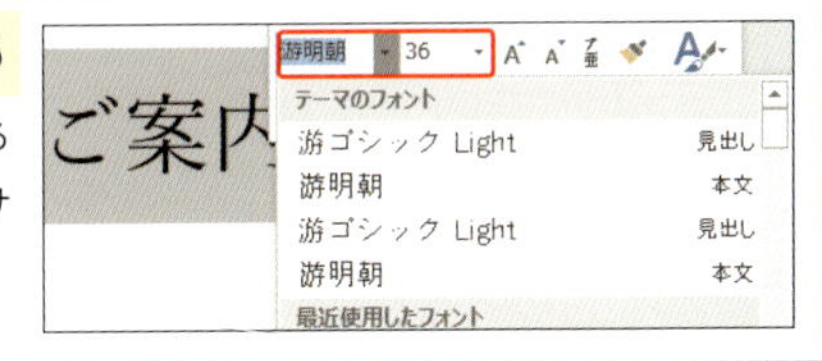

文字を太字にする／下線を付ける

文字を**太字**にしたり、文字に**下線を付け**て、**下線の色**を変えたりすることができます。文字に施す書式を**文字書式**といい、コマンドは＜ホーム＞タブの＜フォント＞グループに用意されています。

1 文字を太字にする

1 文字列を選択します。

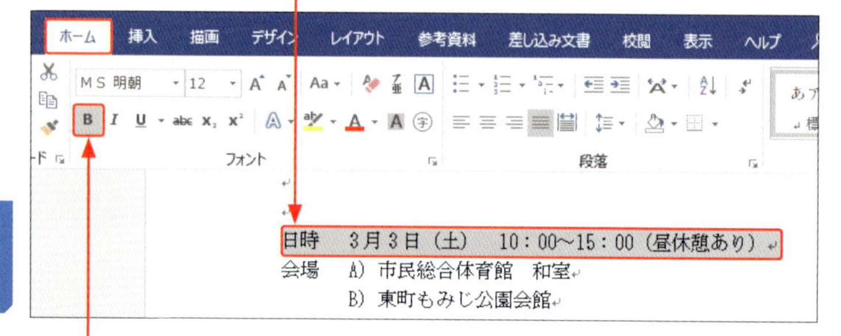

2 ＜ホーム＞タブの＜太字＞をクリックすると、

3 文字が太くなります。

日時　3月3日（土）　10：00～15：00（昼休憩あり）
会場　A）市民総合体育館　和室
　　　B）東町もみじ公園会館
　　　C）中央図書館　多目的ホール

Hint

太字を解除する

太字にした文字列を選択し、＜太字＞ B をクリックすると、文字の設定が解除されます。

Keyword

文字書式

太字や斜体、色を付けるなどの文字に対する書式を文字書式といいます。

2 文字に下線を引く

1 文字列を選択します。

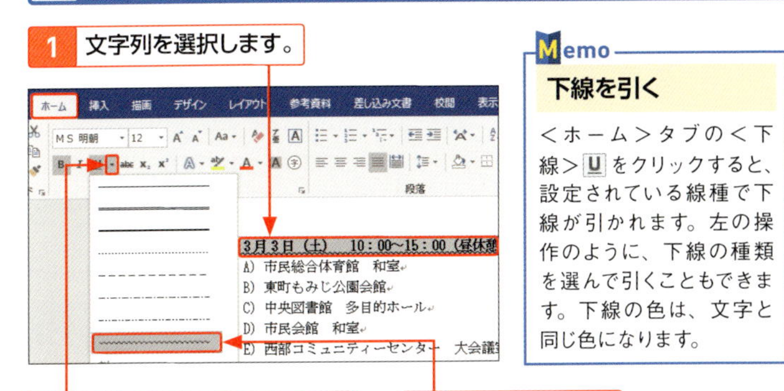

2 ＜ホーム＞タブの＜下線＞の ▾ をクリックして、

3 下線の種類をクリックします。

日時　3月3日（土）　10：00～15：00（昼休憩あり）
会場　A）市民総合体育館　和室

4 下線が引かれます。

Memo 下線を引く

＜ホーム＞タブの＜下線＞ U をクリックすると、設定されている線種で下線が引かれます。左の操作のように、下線の種類を選んで引くこともできます。下線の色は、文字と同じ色になります。

3 下線の色を変更する

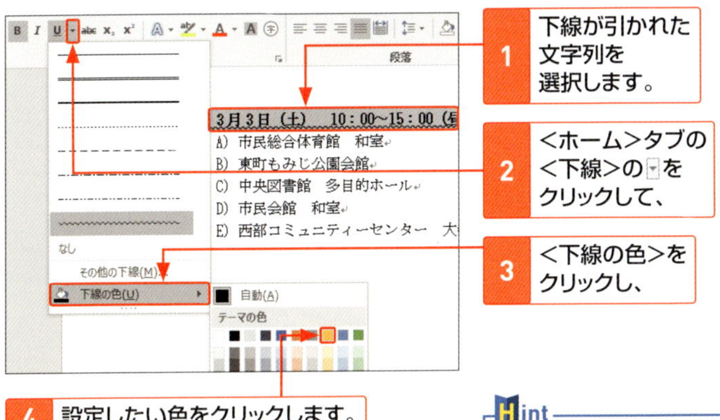

1 下線が引かれた文字列を選択します。

2 ＜ホーム＞タブの＜下線＞の ▾ をクリックして、

3 ＜下線の色＞をクリックし、

4 設定したい色をクリックします。

日時　3月3日（土）　10：00～15：00（昼休憩あり）
会場　A）市民総合体育館　和室

5 下線の色が変更されます。

Hint 同じ下線を繰り返す

手順 5 以降、文字列を選択して＜下線＞ U をクリックすると、ここで設定した書式が反映されます。

文字にデザイン効果や色を付ける

Wordでは、文字列を影や反射などの視覚効果を付けたり、色を付けるなどの文字飾りを設定することができます。コマンドは<ホーム>タブの<フォント>グループに用意されています。

1 文字に効果を付ける

1 文字列をドラッグして選択します。

2 <文字の効果と体裁>をクリックして、

3 目的の効果をクリックすると、

4 文字の効果が設定されます。

Memo 効果を解除する

効果を付けた文字列を選択し、設定効果の<なし>を選択すると、効果が解除されます。操作の直後なら、クイックアクセスツールバーの<元に戻す>をクリックします。

StepUp そのほかの効果を設定する

文字列を選択して、手順3で表示されるメニューの<文字の輪郭><影><反射><光彩>からそれぞれの効果を選択します。

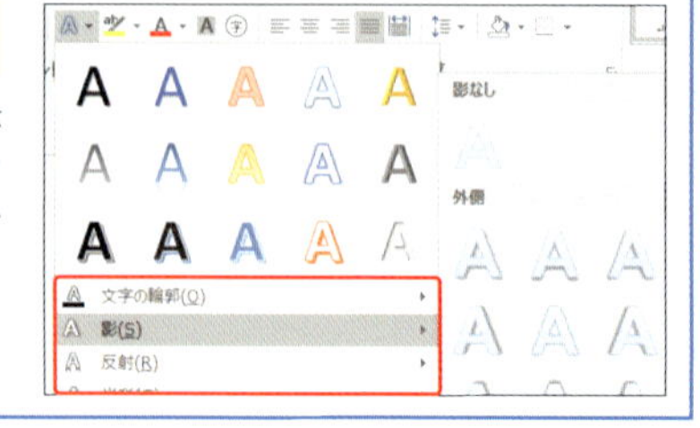

2 文字に色を付ける

1 文字列をドラッグして選択します。

2 ＜フォントの色＞の▾をクリックして、

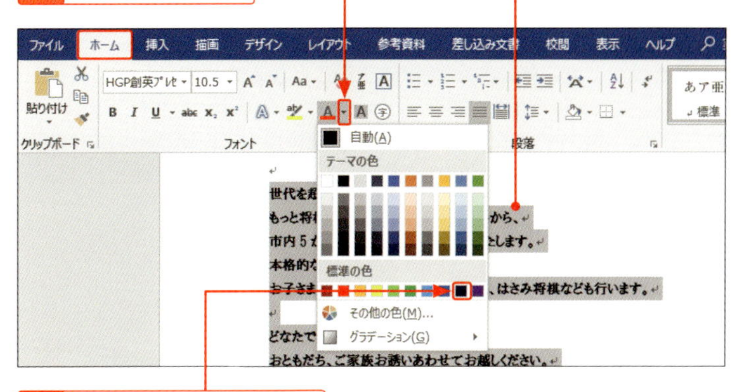

3 目的の色をクリックすると、

4 文字の色が変わります。

世代を超えて愛されている将棋。
もっと将棋の輪を広めたい！ という思いから、
市内５か所で将棋大会を同時開催いたします。
本格的な対決も見ものです。
お子さまもできる将棋くずし（山くずし）や、はさみ将棋なども行います。

どなたでも参加できます。
おともだち、ご家族お誘いあわせてお越しください。

Hint 同じ色を繰り返す

手順 **4** 以降、文字を選択して＜フォントの色＞Aをクリックすると、ほかの色を指定するまでこの色が反映されます。

タブにない文字飾りを設定する

＜ホーム＞タブの＜フォント＞グループの右下の◲をクリックすると表示される＜フォント＞ダイアログボックスの＜フォント＞タブで、傍点や二重取り消し線などのタブに用意されていないものや、ほかの種類の下線などを設定することができます。

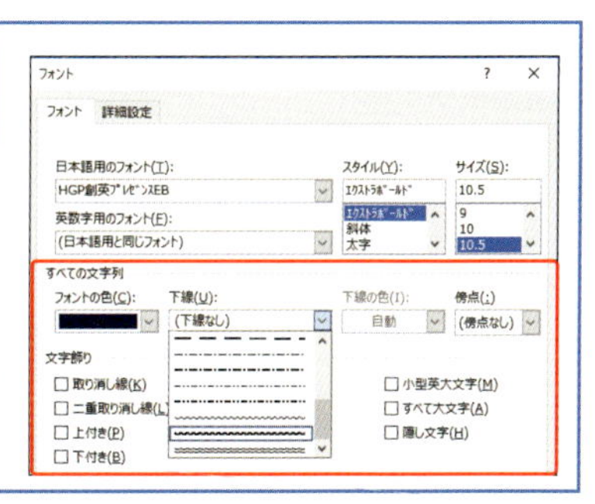

ワードアートを作成する

Wordには、デザイン効果を加えた文字をオブジェクトとして作成できるワードアート機能が用意されています。デザインの中から選択するだけで、効果的な文字を作成することができます。

1 ワードアートを挿入する

1 文字列を選択します。

将棋大会開催のご案内

世代を超えて愛されている将棋。
もっと将棋の輪を広めたい！という思い

2 <挿入>タブの<ワードアートの挿入>をクリックし、

3 デザインをクリックします。

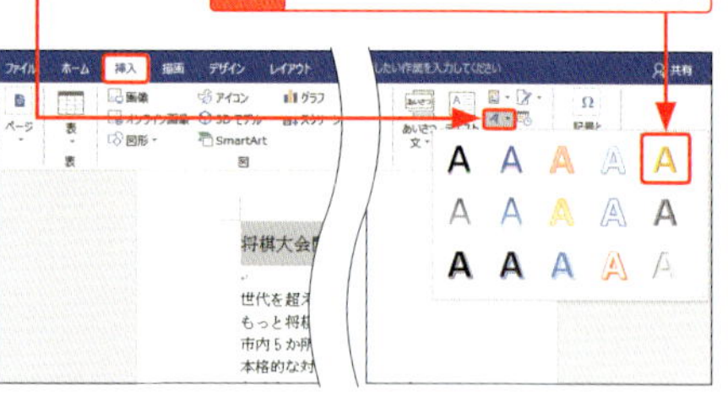

4 ワードアートが挿入されます。

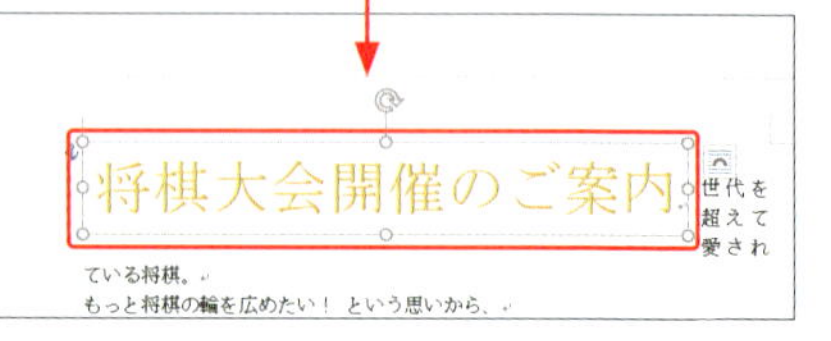

Keyword

ワードアート

「ワードアート」とは、デザインされた文字を作成する機能、または、ワードアートの文字そのもののことです。ワードアートは図と同様に扱うことができます。

Hint

あとから文字を入力する

文字を選択せずに、ワードアートを挿入してから、文字を入力することもできます。

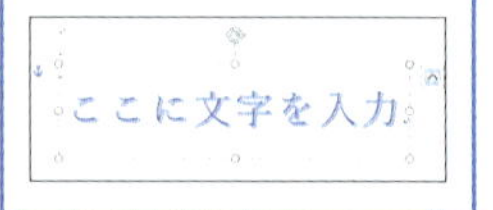

2 ワードアートを移動する

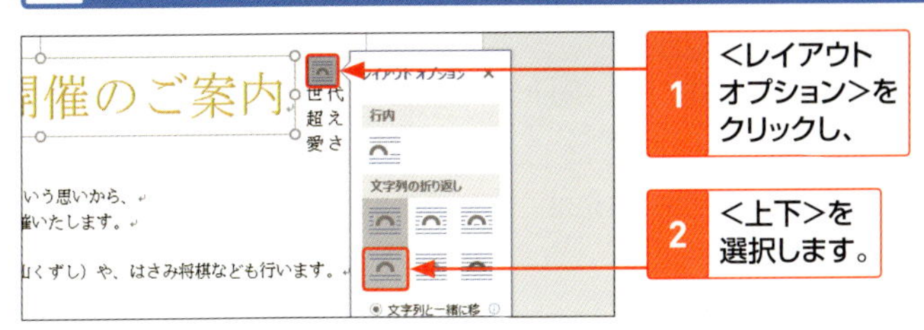

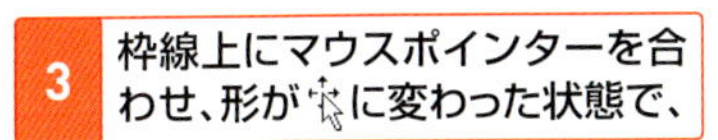

3 枠線上にマウスポインターを合わせ、形が に変わった状態で、

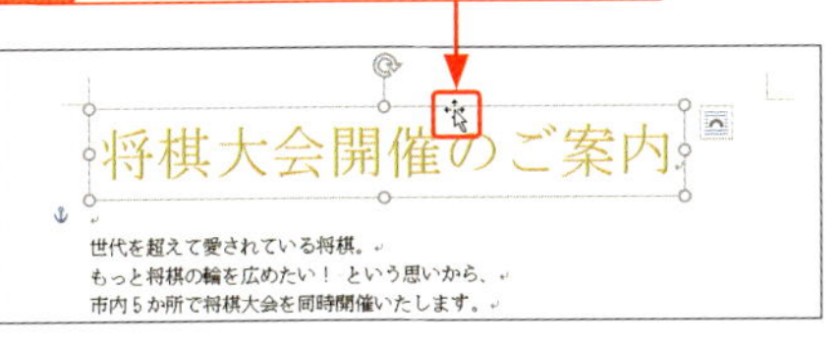

Hint

文字列の折り返し

ワードアートを移動するには、文字列の折り返し（Sec.40参照）を変更する必要があります。

4 ドラッグすると、移動できます。

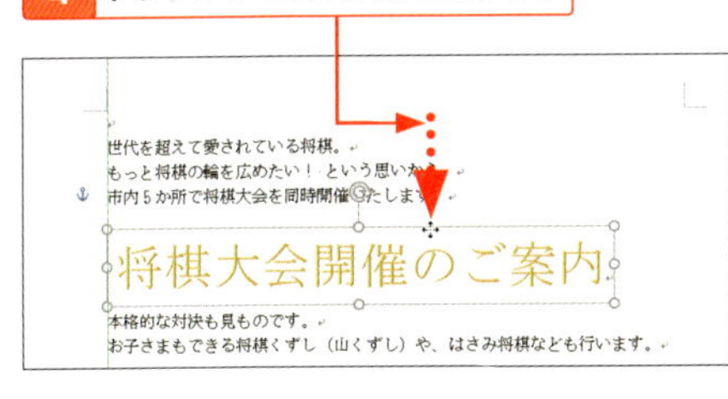

Memo

ワードアートの編集

ワードアートは、通常の文字や図形と同様にフォントや色、サイズなどを変更できます。

StepUp

ワードアートに効果を付ける

<描画ツール>の<書式>タブにある<文字の効果>には、形状を変形したり、効果を付けたりする機能が用意されています（P.113参照）。

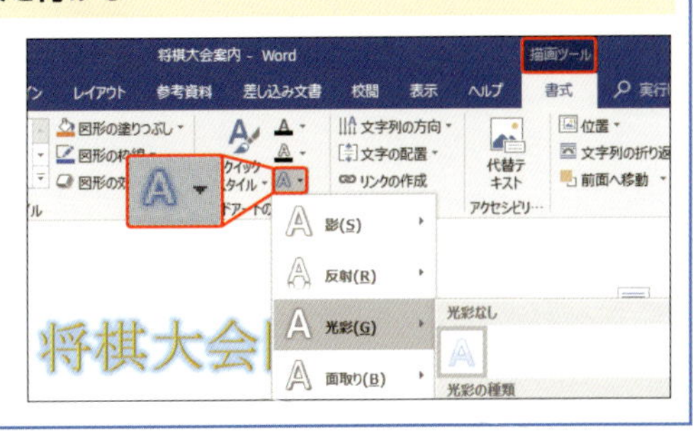

囲み線や背景色を設定する

文字列や段落を目立たせるには、**囲み線**や**背景色**を設定します。＜ホーム＞タブの＜囲み線＞や＜文字の網かけ＞は単色ですが、**ページ罫線**を利用すると線種や色を設定することができます。

1 段落に囲み線や網かけを設定する

1 段落にカーソルを移動して、

2 ＜罫線＞の ▾ をクリックし、

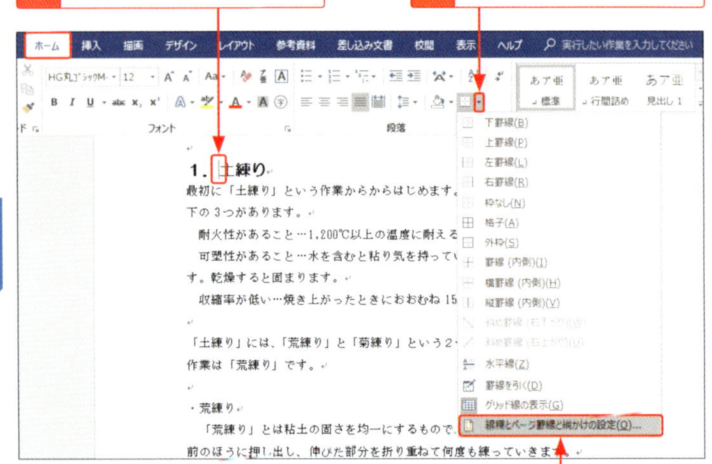

3 ここをクリックします。

Memo　囲み線と文字の網かけ

＜ホーム＞タブの＜囲み線＞Aや＜文字の網かけ＞Aは、文字列を選択してクリックすると設定できます。囲み線は1本の罫線で、網かけはグレイのみです。

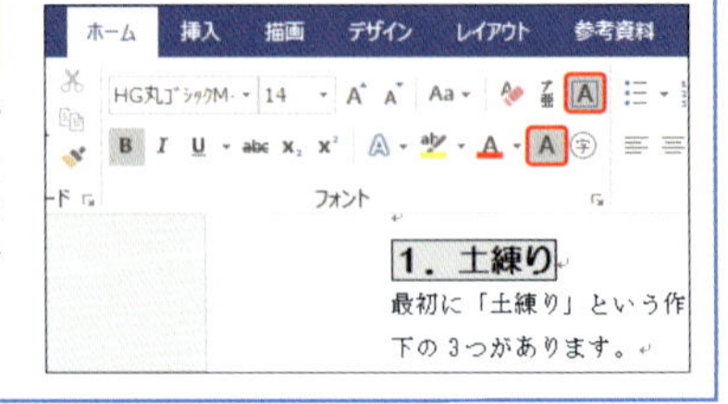

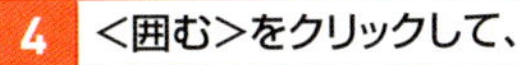

4 <囲む>をクリックして、

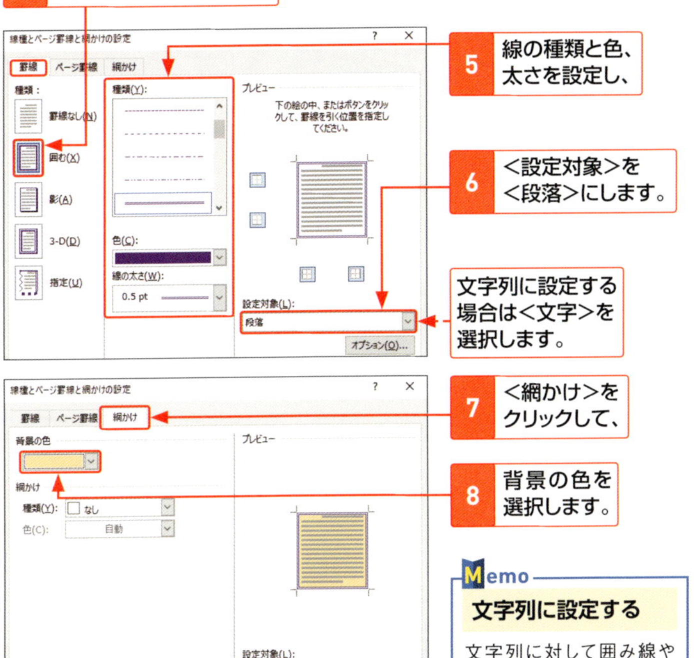

5 線の種類と色、太さを設定し、

6 <設定対象>を<段落>にします。

文字列に設定する場合は<文字>を選択します。

7 <網かけ>をクリックして、

8 背景の色を選択します。

9 <段落>を選択して、

10 <OK>をクリックします。

OK キャンセル

11 段落に罫線と網かけが設定されます。

2. 成形
3. 乾燥・素焼き
4. 施釉・本焼き

1．土練り

最初に「土練り」という作業からからはじめます。陶芸用粘土のおもな要件には、以下の3つがあります。
耐火性があること…1,200℃以上の温度に耐えることが必要です。
可塑性があること…水を含むと粘り気を持っていることで、形を作ることができます。乾燥すると固まります。
収縮率が低い…焼き上がったときにおおむね15%程度収縮します。

「土練り」には、「荒練り」と「菊練り」という2つの方法があります。はじめに行う作業は「荒練り」です。

設定後、中央揃えにしています。

Memo

文字列に設定する

文字列に対して囲み線や背景色を付けたい場合は、設定したい文字列を選択してから手順を操作します。それぞれの画面で<設定対象>を<文字>に指定します。

Hint

設定を解除する

設定を解除するには、設定した対象を選択して、囲み線は手順4で<罫線なし>、背景色は手順8で<色なし>にします。

ページ番号や文書のタイトルを挿入する

ページの上下の余白部分には、本文とは別に日付やタイトル、ページ番号などを挿入することができます。上の部分をヘッダー、下の部分をフッターといい、配置しやすいデザインも用意されています。

1 フッターにページ番号を挿入する

1 <挿入>タブをクリックして、

2 <ページ番号>をクリックします。

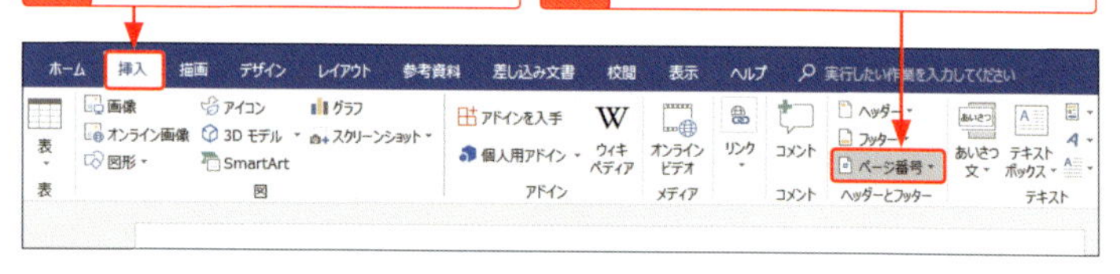

3 ページ番号の挿入位置を選択して（ここでは<ページの下部>）、

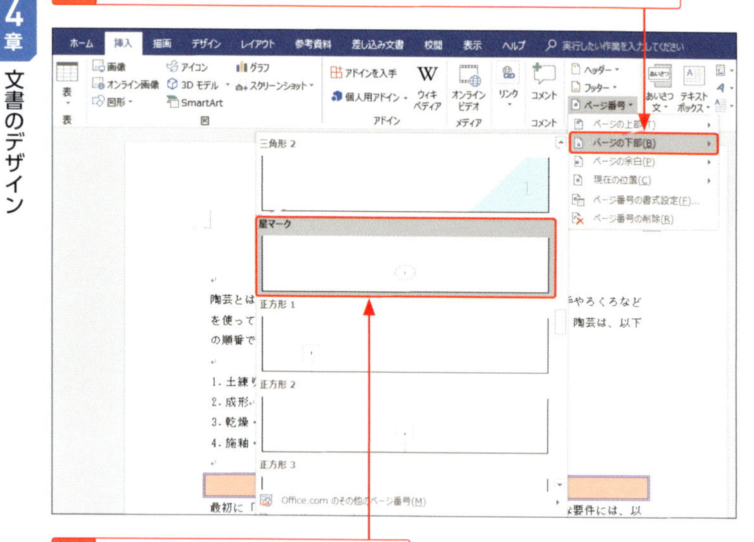

4 目的のデザインをクリックします。

5 ページ番号が挿入されます。

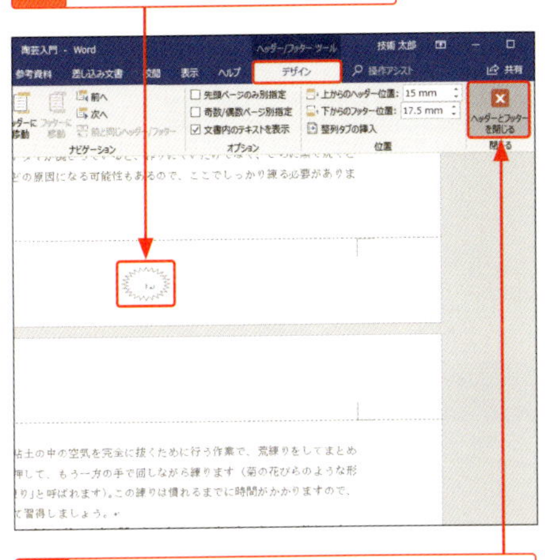

6 ここをクリックして、編集画面に戻ります。

Hint

ページ番号の削除

P.118の手順 3 で<ページ番号の削除>をクリックすると、ページ番号が削除されます。

StepUp

先頭ページにページ番号を付けない場合

<ヘッダー／フッターツール>の<デザイン>タブにある<先頭ページのみ別指定>をクリックしてオンにすると、先頭ページが別指定になります。

Memo

ページ番号とヘッダー／フッター

ページ番号はヘッダー、フッターのどちらにも挿入できます。P.118の手順 2 で<フッター>または<ヘッダー>をクリックして、ページ番号のデザインを選びます。

2 ヘッダーにタイトルを挿入する

1 <挿入>タブの<ヘッダー>をクリックして、

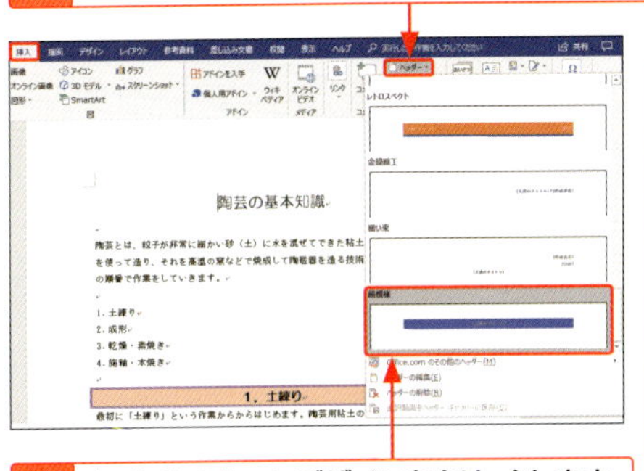

2 タイトルの入ったデザインをクリックします。

Hint

ヘッダー／フッターの削除

<挿入>タブまたは<ヘッダー／フッターツール>の<デザイン>タブにある<ヘッダー>、<フッター>をクリックして、<～の削除>をクリックすると、ヘッダー／フッターが削除されます。

3 ヘッダーが挿入されます。

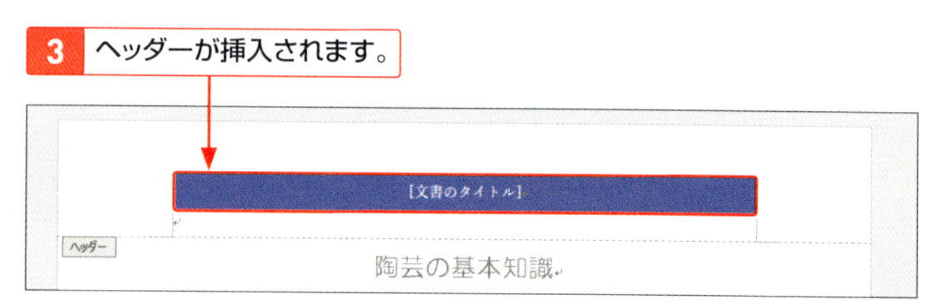

タイトル名を入力します。

4 ここをクリックすると、本文の編集画面に戻ります。

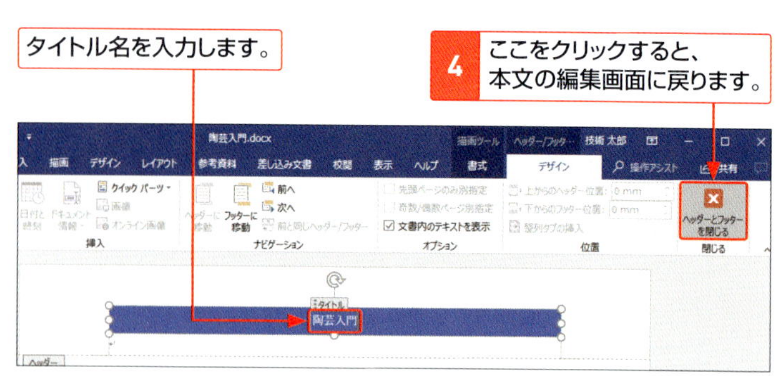

Hint

ヘッダー／フッターのデザイン

ヘッダー／フッターのデザインは、左右ページ用や日付などがセットになったものもあります。デザインが不要な場合は、編集画面で上下の余白をダブルクリックすると、ヘッダー／フッター欄が表示されるので、自由に入力することができます。

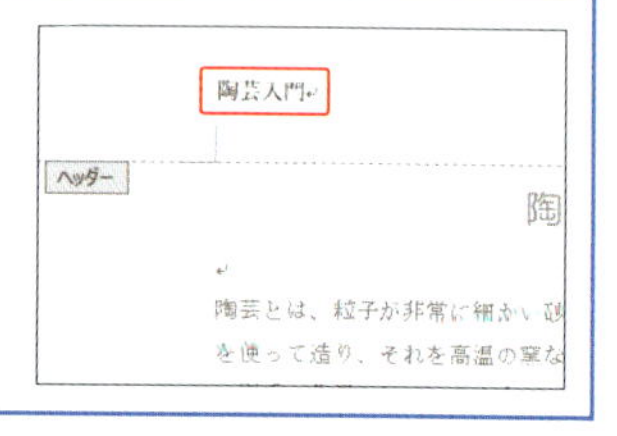

StepUp

日付を入力する

デザインに「日付」がある場合は、<日付>をクリックして右側の▼クリックするとカレンダーが表示されます。日付をクリックするだけで、かんたんに挿入できます。

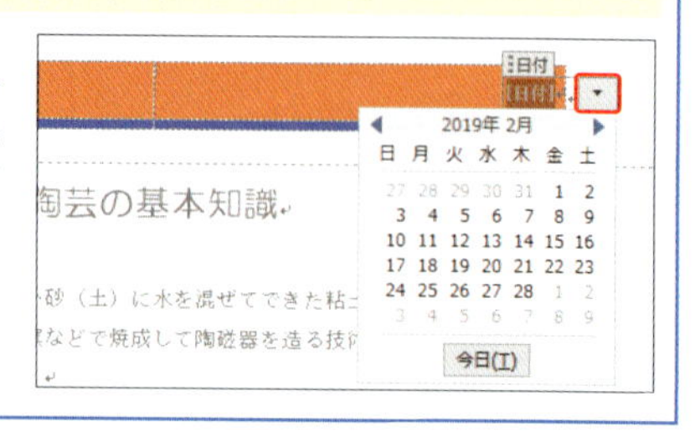

第5章

イラスト・画像・図形の挿入と編集

イラストを挿入する

文書内にイラストを挿入する場合、オンライン画像を利用して、インターネット上でイラストを探す方法があります。このとき、パソコンをインターネットに接続しておく必要があります。

1 イラストを検索して挿入する

Memo

イラストの検索

インターネットでイラストや画像を探すには、<オンライン画像>を利用します。

1 イラストを挿入したい位置にカーソルを移動して、

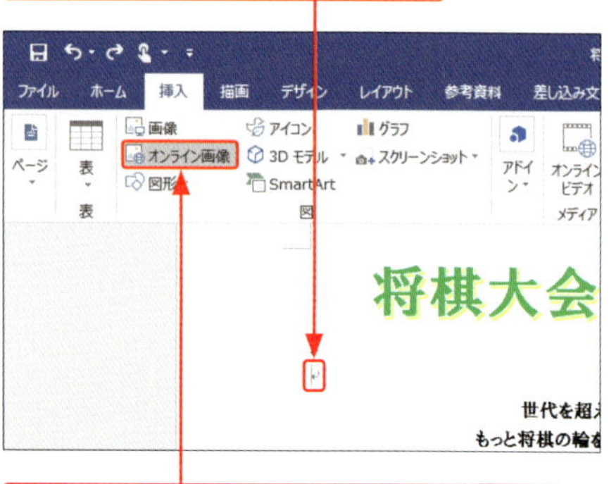

2 <挿入>タブの<オンライン画像>をクリックします。

3 キーワードを入力して、Enterを押します。

Hint

カテゴリを利用する

手順3でキーワードを入力せずに、各カテゴリをクリックしても検索できます。

4 ＜フィルター＞をクリックして、＜クリップアート＞をクリックします。

5 目的のイラストをクリックして、

6 ＜挿入＞をクリックします。

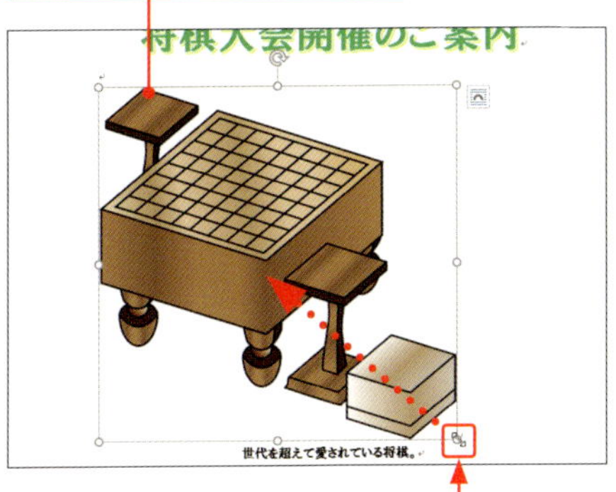

7 イラストが挿入されます。

8 ハンドルにマウスポインターを合わせ、⤡の形に変わった状態でドラッグすると、

9 サイズを変更できます。

Memo

クリップアートのみにする

検索索結果には画像も含まれているので、フィルターでクリップアート（イラスト）を指定して検索を絞り込みます。

Hint

ライセンスの注意

インターネット上に公開されているイラストを利用する場合は、著作権に注意が必要です。選択したイラストの右下の＜詳細とその他の操作＞…をクリックするとリンクが表示されます。出典元で著作権を確認し、自由に使ってよいものを選びましょう。

Memo

イラストの削除

イラストをクリックして Delete を押すと、イラストを削除できます。

文章内にイラストを配置する

挿入したイラストは、自由に移動したり、文章をイラストの周りに配置したりできるように**文字列の折り返し**を指定します。イラストの近くに表示される**レイアウトオプション**を利用します。

1 文字列の折り返しを設定する

1 イラストをクリックして選択します。

2 ＜レイアウトオプション＞をクリックして、

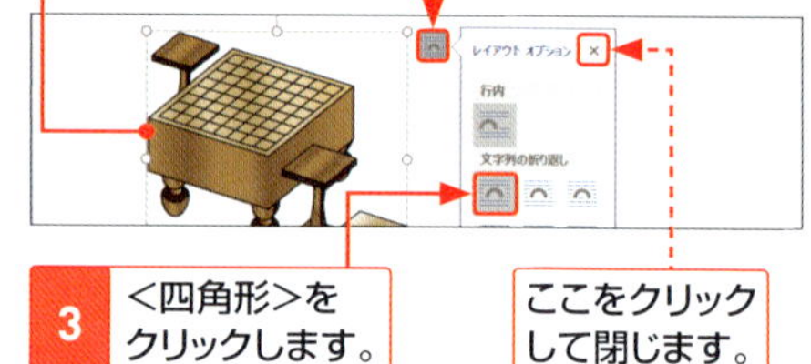

3 ＜四角形＞をクリックします。

ここをクリックして閉じます。

4 イラストの周りに文章が配置されます。

5 イラストにマウスポインターを合わせ、形が✣に変わったことを確認します。

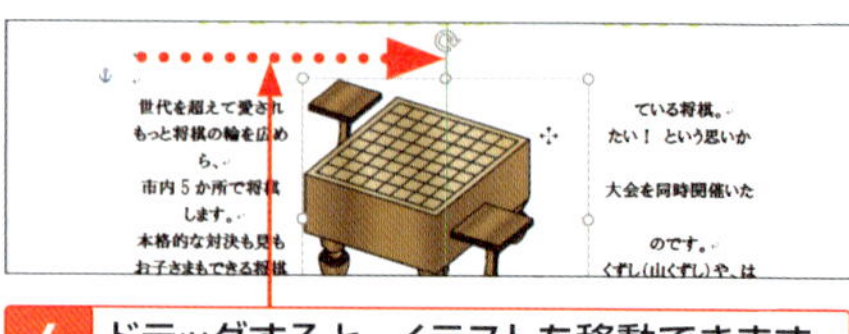

6 ドラッグすると、イラストを移動できます。

Hint　そのほかの指定方法

＜書式＞タブの＜文字列の折り返し＞をクリックして、折り返しの種類を選択しても指定できます。

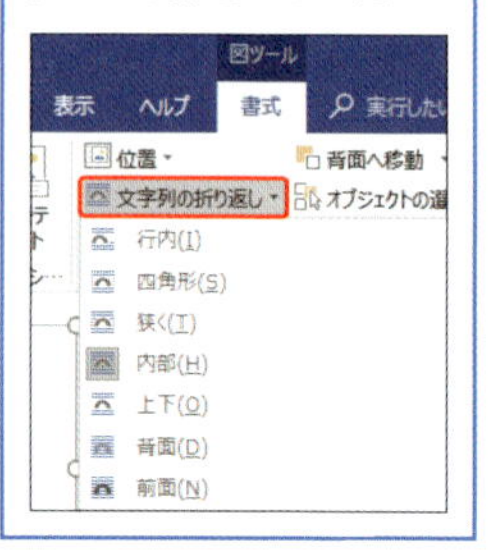

Keyword　文字列の折り返し

イラストを挿入した場合、文書内に固定されて配置されます。移動したり、オブジェクトの周りに文章を配置させたりする場合は、＜文字列の折り返し＞を＜行内＞以外に設定する必要があります。

StepUp

文字列の折り返しの種類

挿入したイラストやテキストボックス、図、画像などのオブジェクトを、文章内でどのように配置するかを設定することができます。これを「文字列の折り返し」といい、オブジェクトを選択すると表示される<レイアウトオプション>、または<図ツール>の<書式>タブで<文字列の折り返し>から設定します。

行内

イラスト全体が1つの文字として文章中に挿入されます。

四角形

イラストの周囲に、四角形の枠に沿って文字列が折り返されます。

狭く

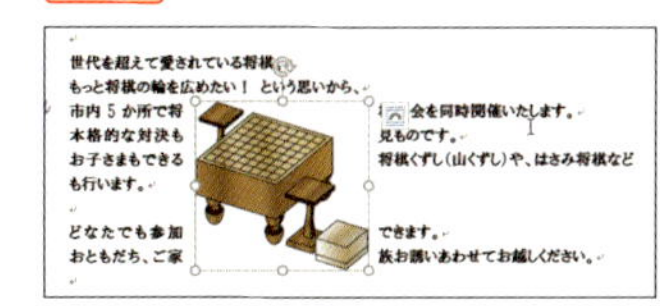

イラストの枠に沿って文字列が折り返されます。

内部

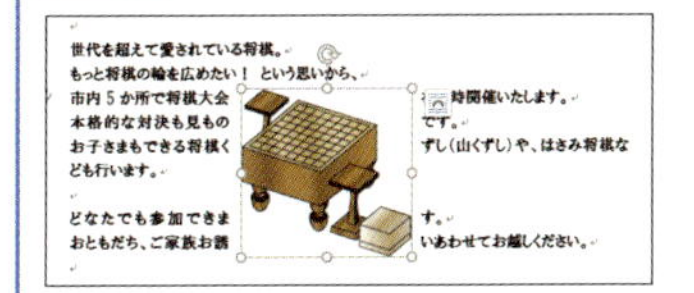

イラストの中の透明な部分にも文字列が配置されます。

上下

文字列がイラストの上下に配置されます。

背面

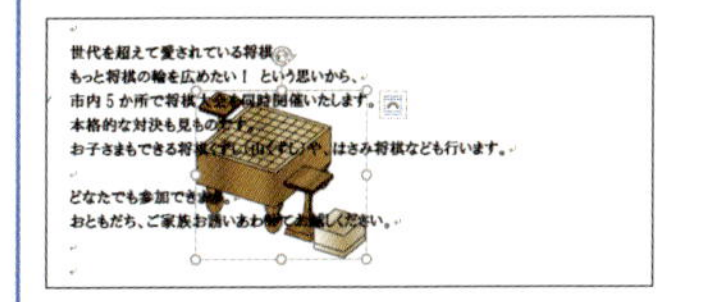

イラストを文字列の背面に配置します。文字列は折り返されません。

前面

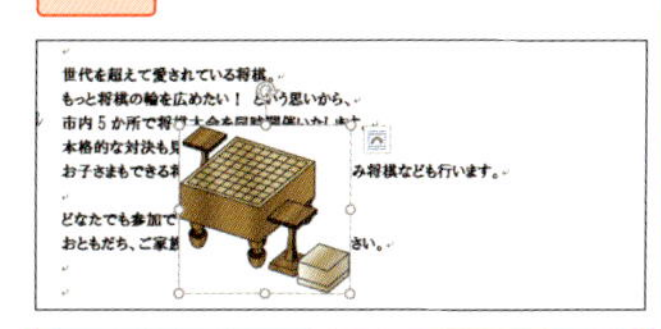

イラストを文字列の前面に配置します。文字列は折り返されません。

画像を挿入する

Wordでは、文書に**画像(写真)を挿入**することができます。自分で撮った写真や入手した画像データは、パソコン内に保存してから利用するとよいでしょう。

1 文書に画像を挿入する

Memo

画像の保存先

利用する画像は、パソコン内のわかりやすい場所に保存しておくと、挿入する場合に便利です。

1 <挿入>タブをクリックして、

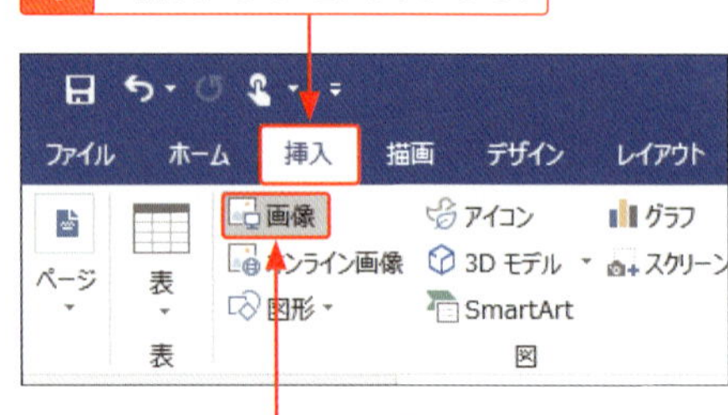

2 <画像>をクリックします。

3 挿入したい画像ファイルをクリックして、

4 <挿入>をクリックします。

5 画像が挿入されます。

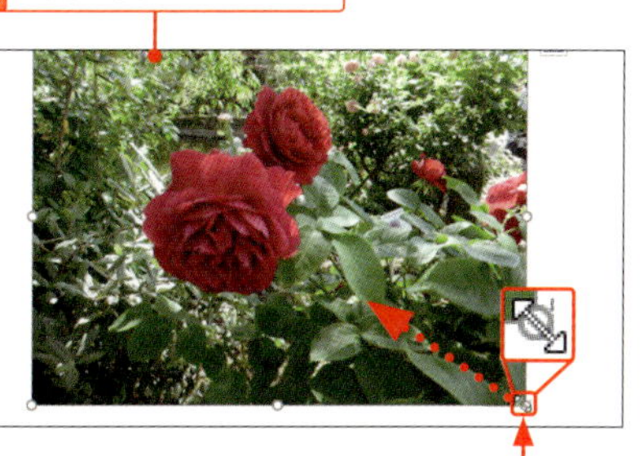

6 ハンドルにマウスポインターを合わせ、⤡の形に変わった状態でドラッグして、サイズを調整します。

> **Memo**
>
> **挿入した画像（写真）のサイズ**
>
> 写真によっては大きなサイズで挿入される場合があります。ここでは、操作しやすいように、サイズを調整しています。

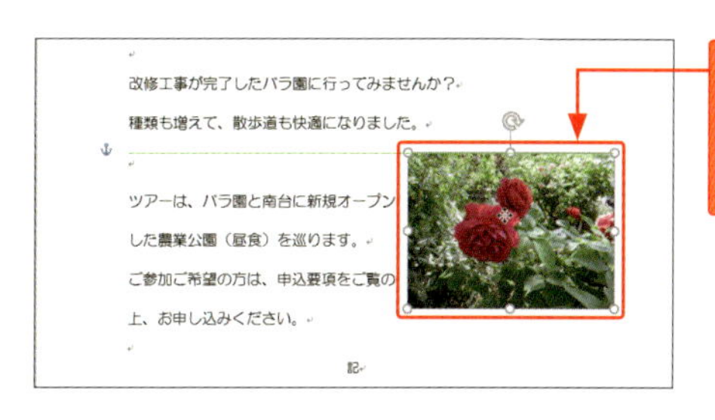

7 文字列の折り返し（Sec.40参照）を設定して、文書内に配置します。

2 挿入した画像を削除する

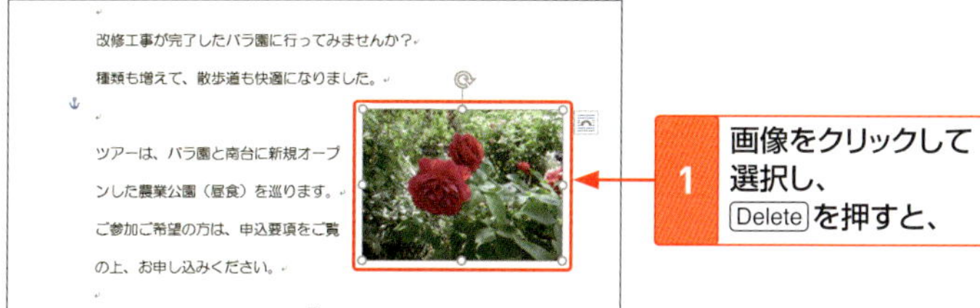

1 画像をクリックして選択し、Delete を押すと、

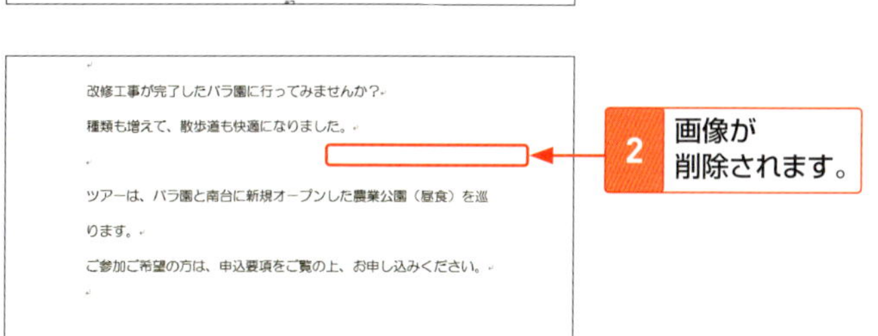

2 画像が削除されます。

画像に効果やスタイルを設定する

挿入した画像は、額縁のような枠や周りをぼかすなどのスタイルを設定することができます。また、パステル調などの**アート効果**を付けたり、画像の**背景を削除**したりすることもできます。

1 画像にスタイルを設定する

1 画像をクリックして選択します。

2 ＜図ツール＞の＜書式＞タブで＜図のスタイル＞の＜その他＞をクリックします。

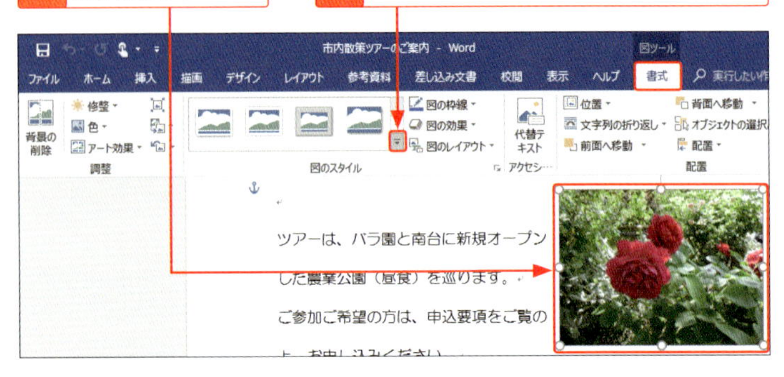

3 スタイルにマウスポインターを近づけると、プレビュー表示されます。

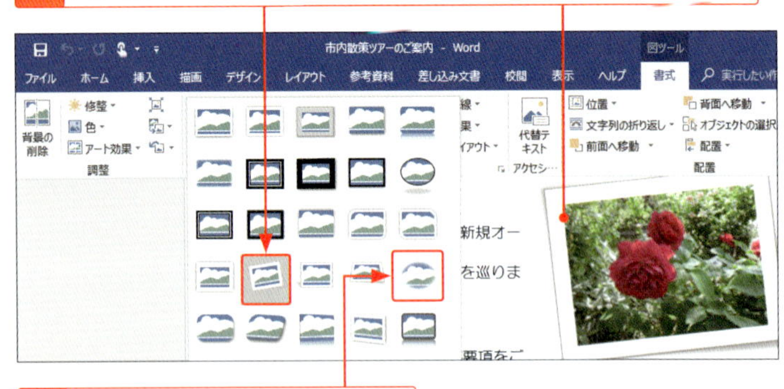

4 目的のスタイルをクリックします。

5 スタイルが設定されます。

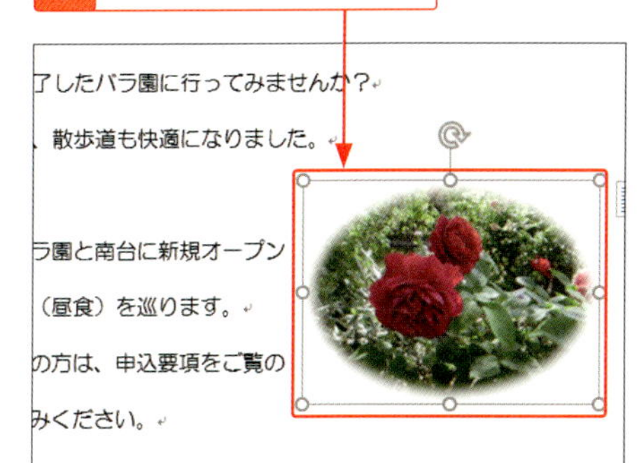

Hint

スタイルの解除

設定したスタイルを解除したい場合は、画像を選択して、<図ツール>の<書式>タブで<図のリセット>をクリックします。

StepUp

画像にアート効果を設定する

Wordには、画像にアート効果を施す機能が用意されています。画像を選択して、<図ツール>の<書式>タブで<アート効果>をクリックし、目的の効果をクリックします。効果を解除するには、<アート効果>をクリックして左上の<なし>を選択するか、<図のリセット>をクリックします。

2 画像の明るさを修整する

1 画像を選択して、

2 <図ツール>の<書式>タブで<修整>をクリックします。

第5章 イラスト・画像・図形の挿入と編集

3 画像の修整候補が表示されます。

現在の画像

Memo 明るさの修整

写真を印刷すると暗くなる場合、あるいは白くなる場合は、＜明るさ／コントラスト＞から選んで、画像の修整を行うとよいでしょう。

4 ＜明るさ／コントラスト＞から明るさのちょうどよいものをクリックします。

3 画像の背景を削除する

Memo 背景の削除

Wordには、画像の背景を削除する機能が用意されています。不要な背景を消したいときに利用しましょう。ただし、写真によっては背景を認識できない場合があります。

1 画像をクリックして選択し、

2 ＜図ツール＞の＜書式＞タブで＜背景の削除＞をクリックします。

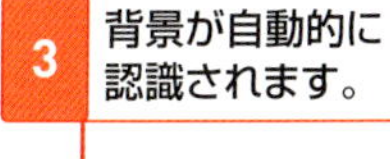

3 背景が自動的に認識されます。

4 <変更を保持>をクリックすると、

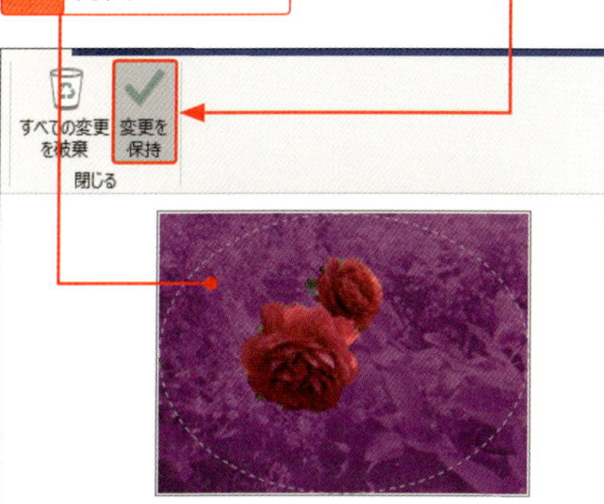

5 画像の背景が削除されます。

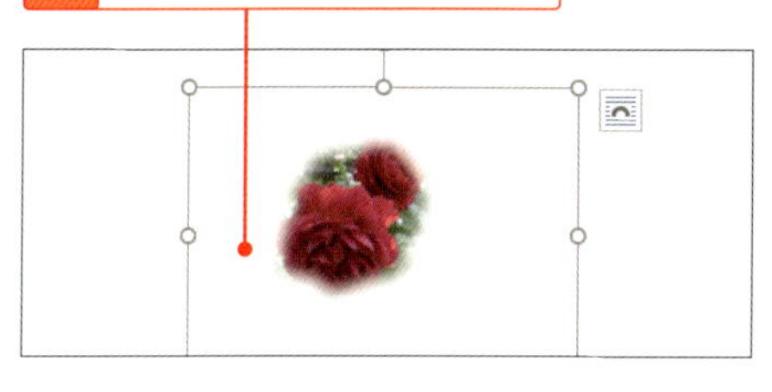

6 背景に過不足がある場合はさらに修正します（StepUp参照）。

Memo

背景の削除

Wordには、画像の背景を削除する機能が用意されています。不要な背景を消したいときに利用します。ただし、写真によっては背景を認識できない場合があります。

Hint

背景の削除を取り消す

<背景の削除>タブの<すべての変更を破棄>をクリックします。<変更を保持>をクリックしたあとでも取り消すことができます。

StepUp

削除部分を修正する

削除したい部分が残っていたら、<図ツール>の<背景の削除>タブで<削除する領域としてマーク>をクリックまたはドラッグして、その部分をクリックまたはドラッグします。反対に、削除したくない部分が削除の対象範囲に含まれていたら、<背景の削除>タブの<保持する領域としてマーク>をクリックして、その部分をクリックまたはドラッグします。<変更を保持>をクリック後に修正する場合は、再度手順1、2を操作して、<背景の削除>タブを表示します。修正は何度でもやり直すことができます。

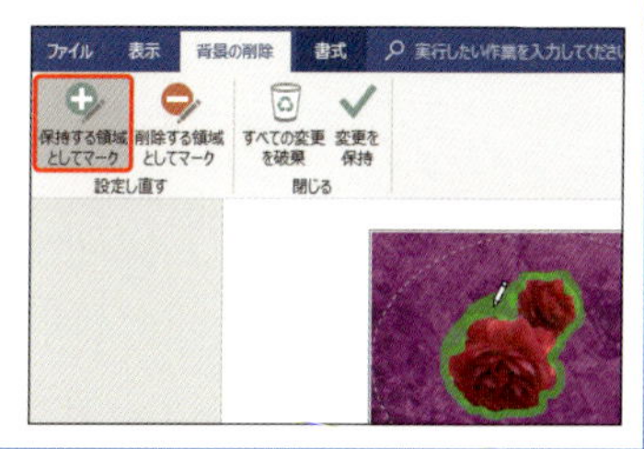

かんたんな図形を描く

四角形や直線などの単純な図形は、<挿入>タブの<図形>から選んでドラッグするだけで、かんたんに描くことができます。描いた図形のサイズを、正確な数値にすることもできます。

1 四角形を描く

1 <挿入>タブをクリックして、

2 <図形>をクリックし、

3 <正方形／長方形>をクリックします。

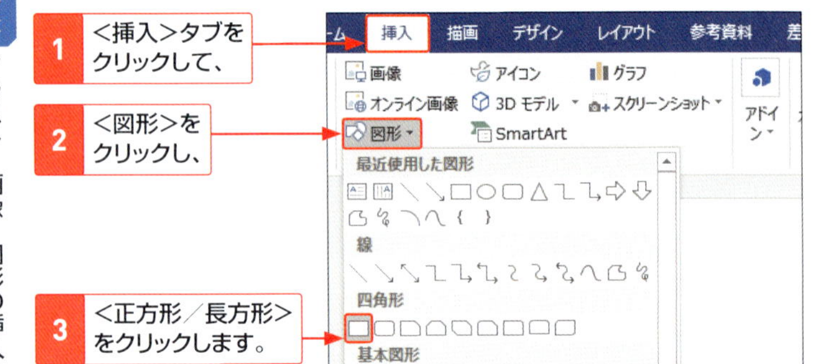

4 マウスポインターが＋になった状態で、作成したいサイズをドラッグします。

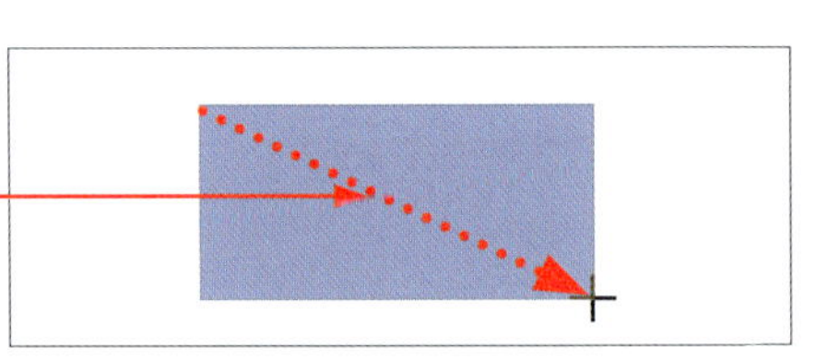

5 四角形が描かれます。

Hint 正方形を描く

手順5で、Shiftを押しながらドラッグすると、正方形になります。あるいは、手順4でドラッグせずに、クリックするだけで各辺が同じ図形を作成できます。

2 図形のサイズを調整する

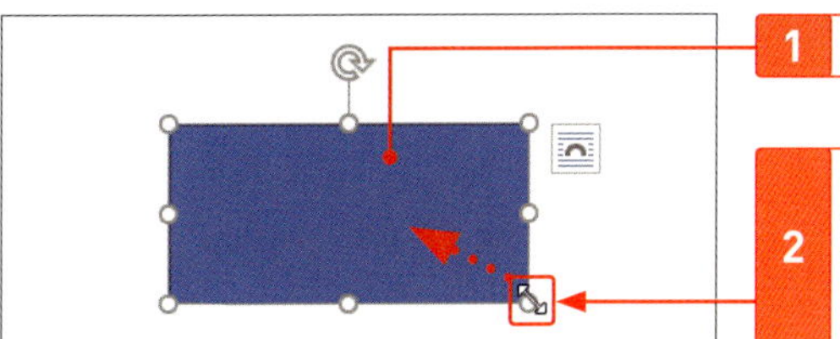

1 図形をクリックして、

2 ハンドルにマウスポインターを合わせて⤡の状態になったらドラッグします。

3 図形のサイズが変更できます。

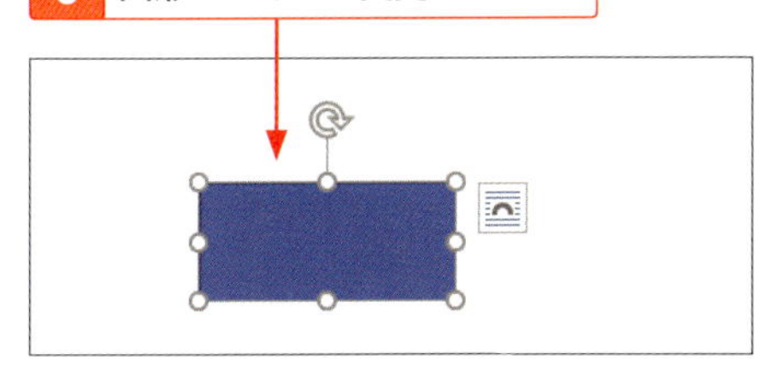

Hint

縦横比を維持する

手順2で[Shift]を押しながらドラッグすると、もとの図形の縦横比を維持してサイズを変更できます。

Hint

サイズを数値で指定する

部屋のレイアウト図など縮小サイズで作成する場合、正確な数値でサイズを指定する必要があります。図形をクリックして、＜図ツール＞の＜書式＞タブで＜サイズ＞の＜高さ＞と＜幅＞ボックスに数値を入力します。

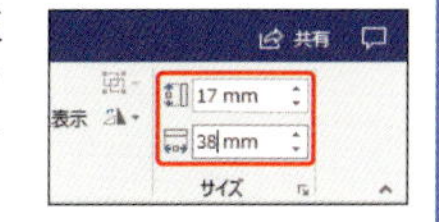

StepUp

図形を回転する

図形を選択して回転ハンドルが表示される種類は、回転させることができます。回転ハンドルにマウスポインターを合わせてになったら、ドラッグすると、図形が回転します。

また、図形を選択して、＜図ツール＞の＜書式＞タブで＜オブジェクトの回転＞をクリックし、回転の種類を選択しても回転できます。＜その他の回転オプション＞をクリックすると、回転角度を指定することができます。

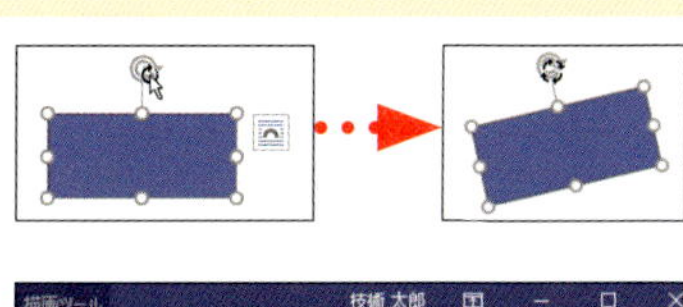

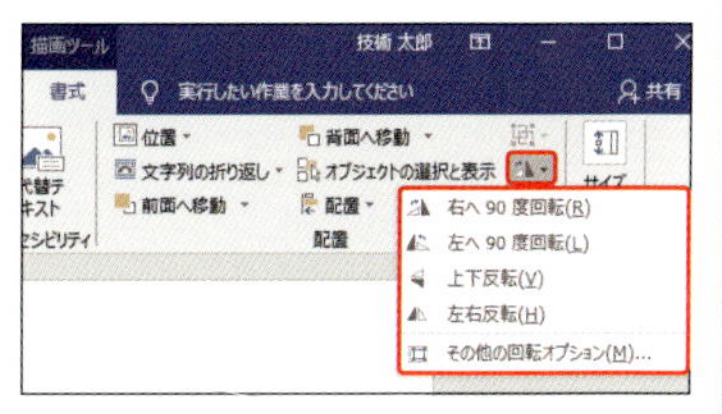

3 直線を引く

1 <挿入>タブの<図形>をクリックして、

2 <直線>をクリックします。

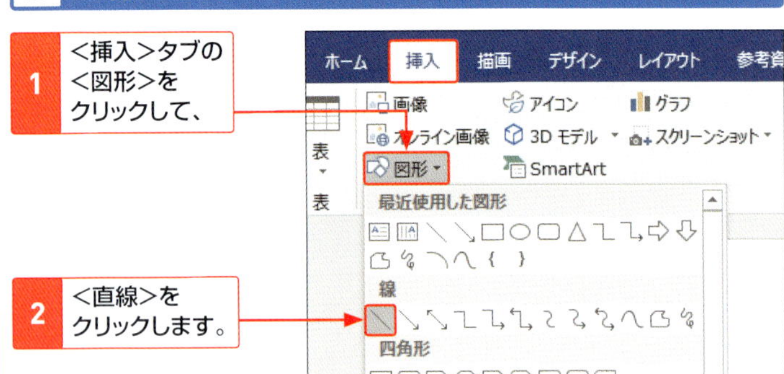

3 マウスポインターの形が+になった状態で横にドラッグすると、

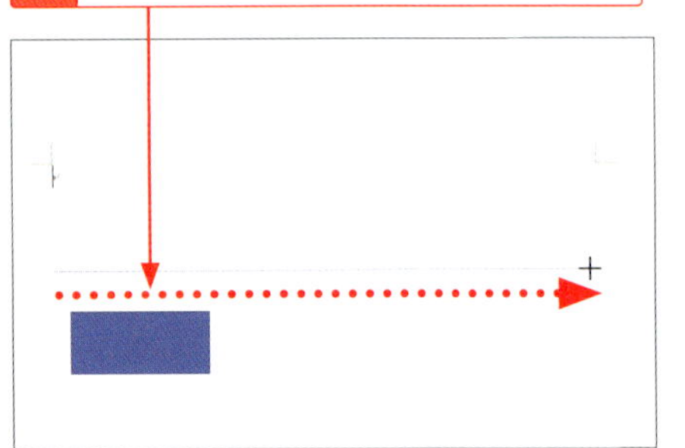

4 直線が引かれます。

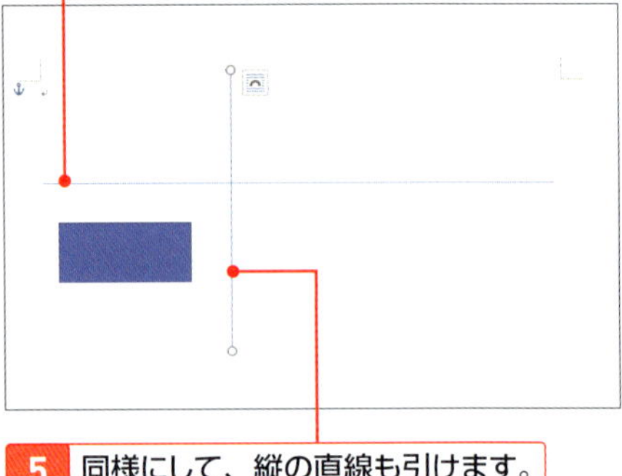

5 同様にして、縦の直線も引けます。

Memo <図形>コマンド

図を選択している場合は、<描画ツール>の<書式>タブで<図形>をクリックしても新しい図形を選択できます。

Hint 水平に直線を引く

手順3で Shift を押しながらドラッグすると、線を水平に引くことができます。

Memo 点線を引く

点線は、直線の線の種類を変更することで作成できます（Sec.44Hint参照）。

4 吹き出しを描く

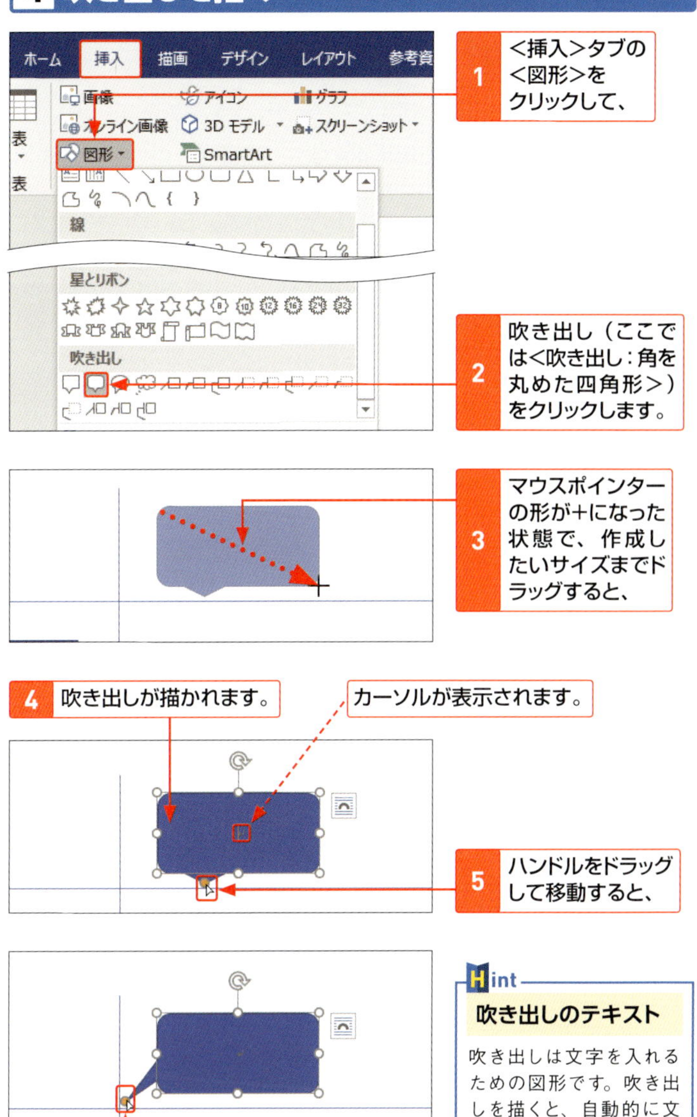

ホーム
挿入
描画
デザイン
レイアウト
画像
アイコン
グラフ
オンライン画像
3D モデル
スクリーンショット
図形
SmartArt
表
線
星とリボン
吹き出し
1 <挿入>タブの<図形>をクリックして、
2 吹き出し（ここでは<吹き出し：角を丸めた四角形>）をクリックします。
3 マウスポインターの形が+になった状態で、作成したいサイズまでドラッグすると、
4 吹き出しが描かれます。
カーソルが表示されます。
5 ハンドルをドラッグして移動すると、
6 吹き出し口を移動できます。

Hint 吹き出しのテキスト

吹き出しは文字を入れるための図形です。吹き出しを描くと、自動的に文字が入力できる状態になります。

図形の色や太さを変更する

図形の塗りつぶしの色を変更するには、<描画ツール>の<書式>タブで<図形の塗りつぶし>から選択します。図形の枠線の太さや色を変更するには、<書式>タブの<図形の枠線>から選択します。

1 図形の塗りつぶしの色を変更する

1 図形をクリックして選択します。

2 <描画ツール>の<書式>タブで<図形の塗りつぶし>の右側をクリックして、

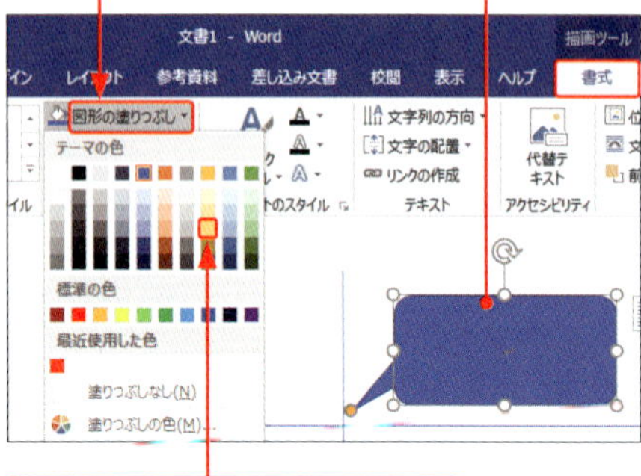

3 目的の色をクリックします。

4 塗りつぶしの色が変更されます。

5 枠線を消します（Memo参照）。

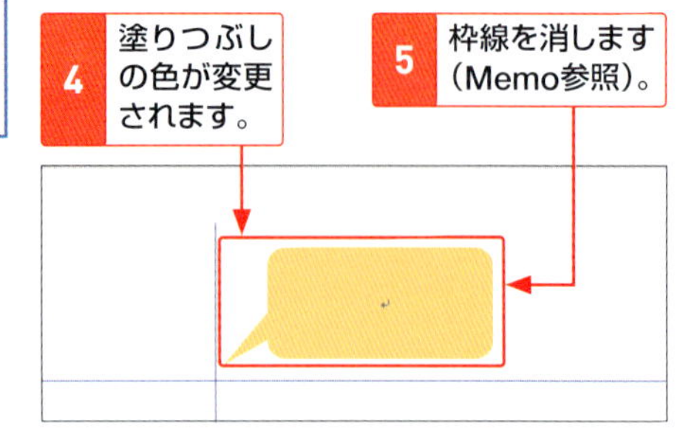

Memo 枠線の変更

図形は、図の中と枠線にそれぞれ別の色が設定されています。色を変更するには、図の中だけでなく、枠線も変更する必要があります（P.137参照）。また、枠線が不要な場合は、<図形の枠線>の右側をクリックして、<枠線なし>をクリックします。

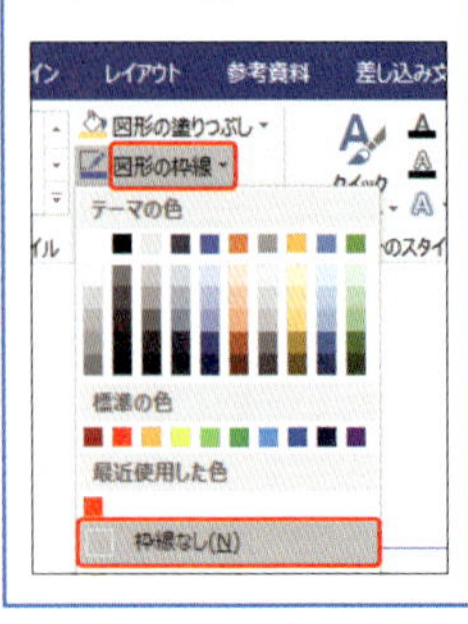

2 線の太さと色を変更する

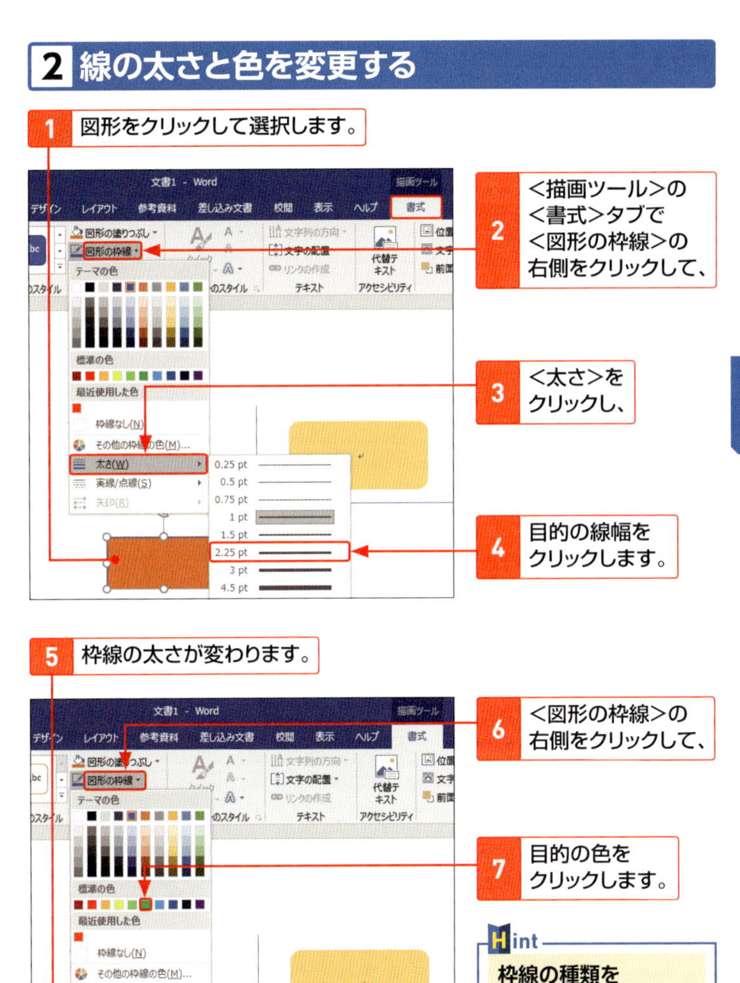

1 図形をクリックして選択します。

2 <描画ツール>の<書式>タブで<図形の枠線>の右側をクリックして、

3 <太さ>をクリックし、

4 目的の線幅をクリックします。

5 枠線の太さが変わります。

6 <図形の枠線>の右側をクリックして、

7 目的の色をクリックします。

Hint

枠線の種類を変更する

手順 7 で<実線／点線>をクリックして、実線や点線などの種類を変更できます。

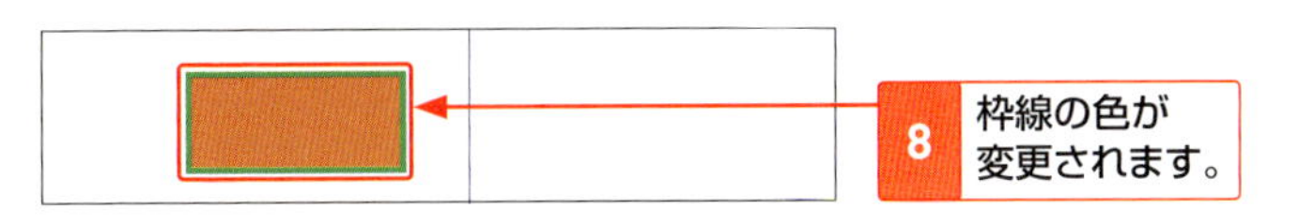

8 枠線の色が変更されます。

図形に効果やスタイルを設定する

Wordでは、影や反射、ぼかしなど図形の効果を設定することができます。また、図形の枠線と塗りつぶしがあらかじめ設定されている図形のスタイルを利用して、スタイルを設定することができます。

1 図形に効果を設定する

1 図形をクリックして選択します。

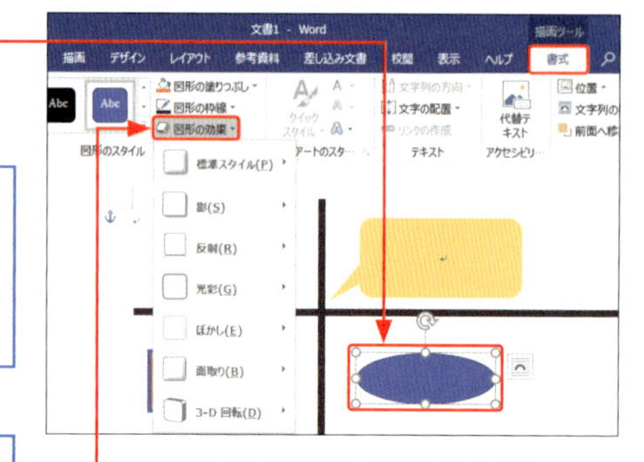

2 <描画ツール>の<書式>タブで<図形の効果>をクリックします。

Memo

図形の効果

図形の効果には、影、反射、光彩、ぼかし、面取り、3-D回転の6種類があります。

Hint

効果を取り消す

手順3で設定した効果をクリックして、<(設定した効果)なし>をクリックします。

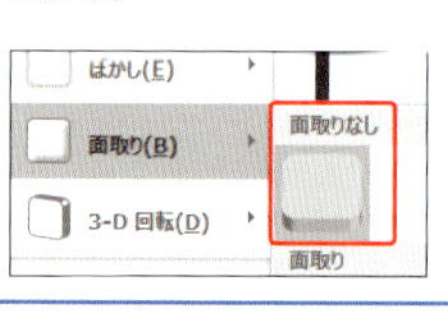

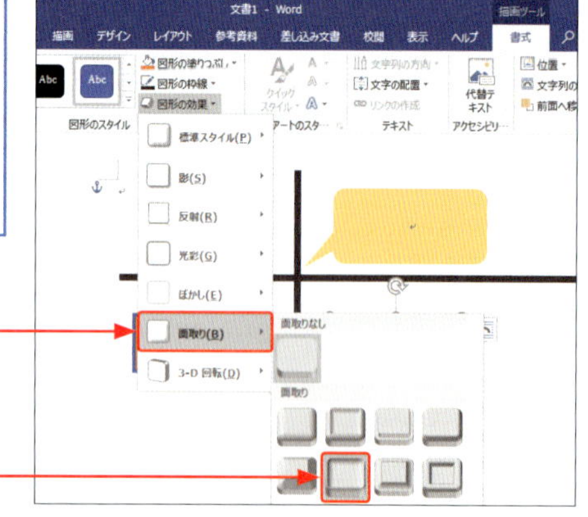

3 効果（ここでは<面取り>）をクリックして、

4 目的の効果をクリックします。

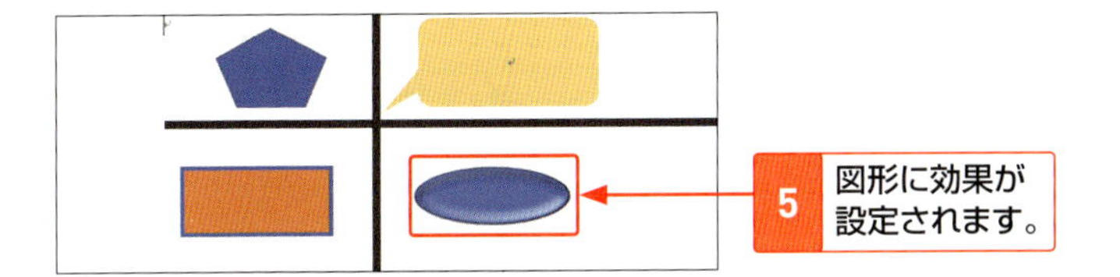

5 図形に効果が設定されます。

2 図形にスタイルを設定する

1 図形をクリックして選択します。

2 <描画ツール>の<書式>タブで<図形のスタイル>の<その他>をクリックします。

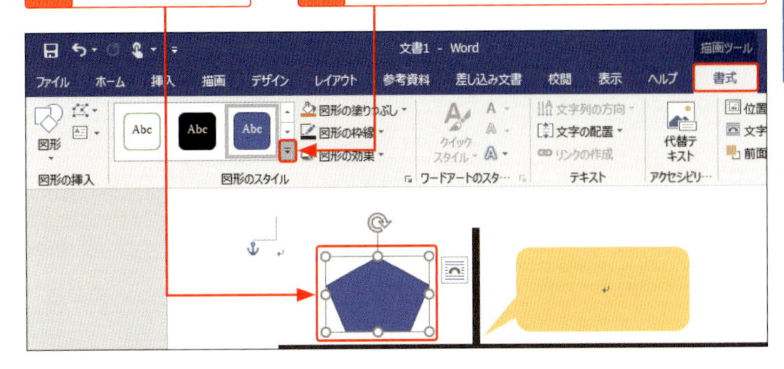

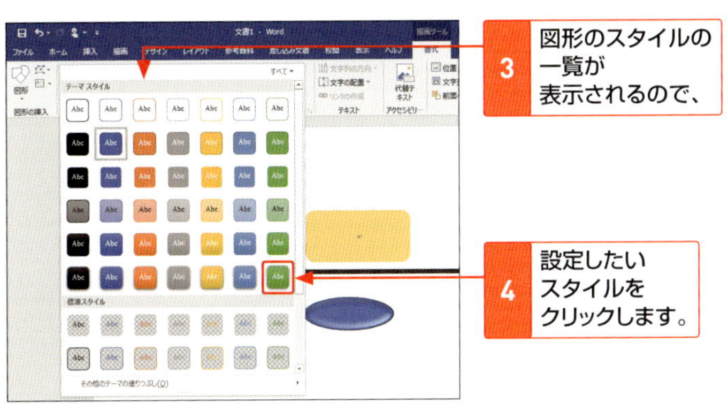

3 図形のスタイルの一覧が表示されるので、

4 設定したいスタイルをクリックします。

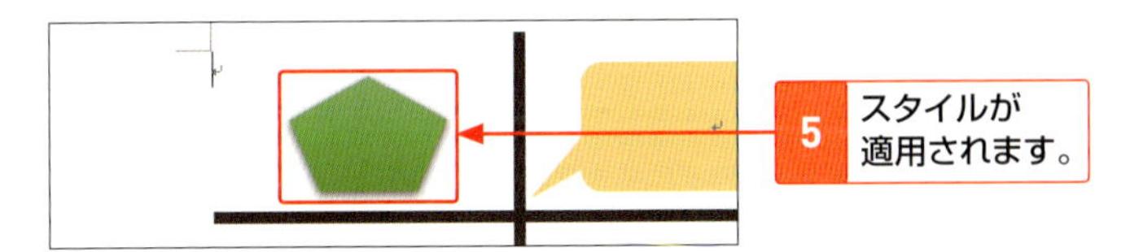

5 スタイルが適用されます。

図形の中に文字を配置する

図形を右クリックして<テキストの追加>をクリックすると、図形の中に文字を入力できるようになります。入力した文字は、本文と同様に書式を設定することができます。

1 図形に文字を入れる

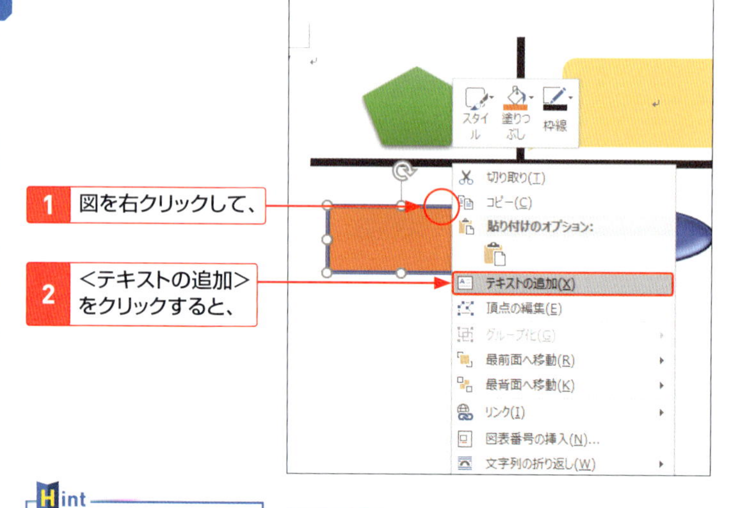

1 図を右クリックして、

2 <テキストの追加>をクリックすると、

Hint

吹き出しはそのまま入力できる

吹き出しを作成すると自動的にテキストが入力できます（P.135参照）。

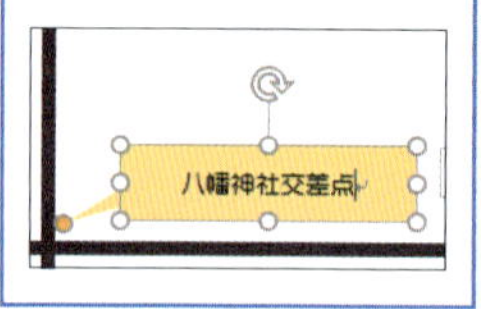

3 カーソルが配置されます。

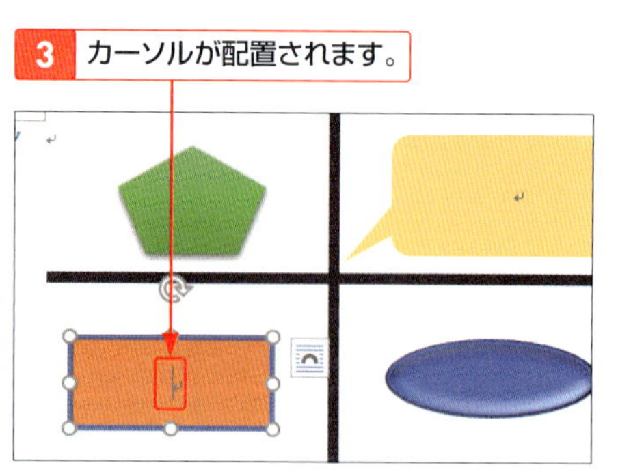

4 そのまま文字を入力します。

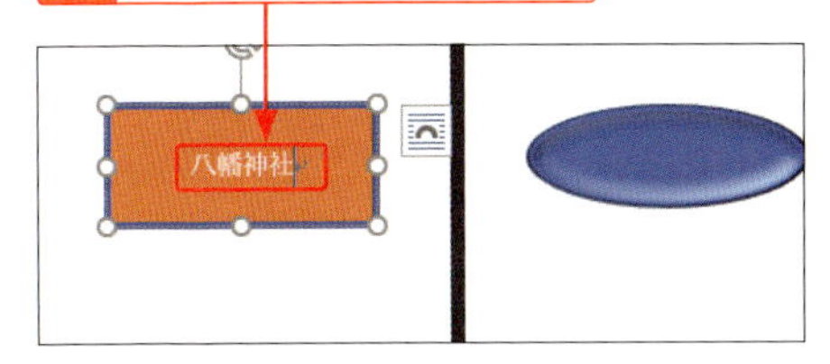

5 入力した文字を選択して、

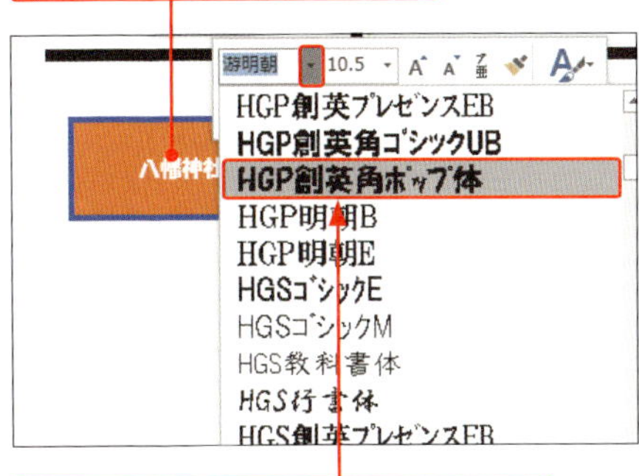

6 ミニツールバーの<フォント>から目的のフォントをクリックします。

7 同様にフォントのサイズや色を変更します。

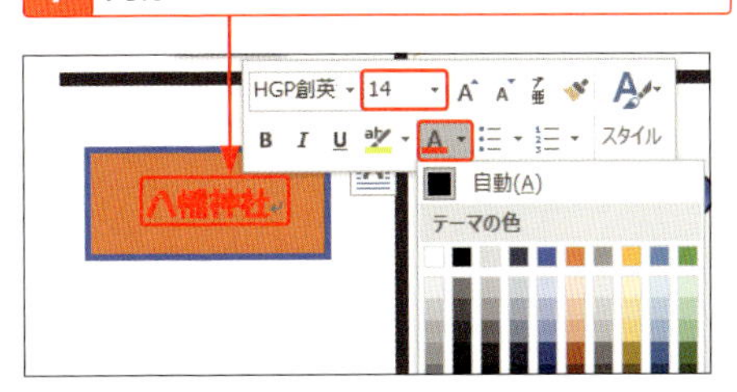

Memo

ミニツールバーを利用する

図形に入力した文字は、本文と同様に書式を変更できます。文字列を選択すると、ミニツールバーが表示されます。いちいち<ホーム>タブをクリックしなくても、フォントやフォントサイズ、フォントの色などを変更することができます。

StepUp

テキストボックスを配置する

地図などを作成するときに、図形の周りに文字を配置したい場合は、テキストボックスを利用します（Sec.66参照）。

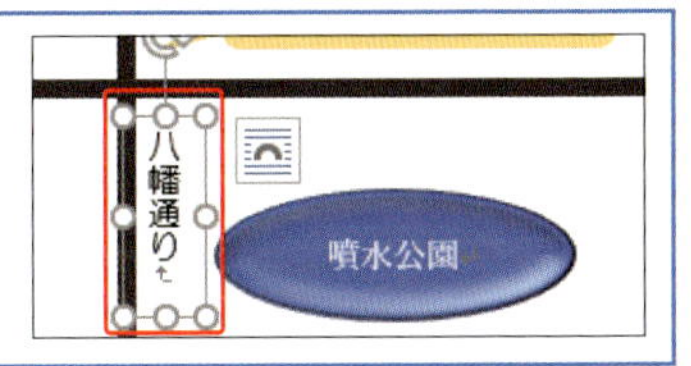

図形を移動する／コピーする／整列する

作成した図形はドラッグで移動することができます。また、図形と同じものを追加したい場合は、図形をコピーします。複数の図形を作成した場合、Wordでは図形を整列させることができます。

1 図形を移動する

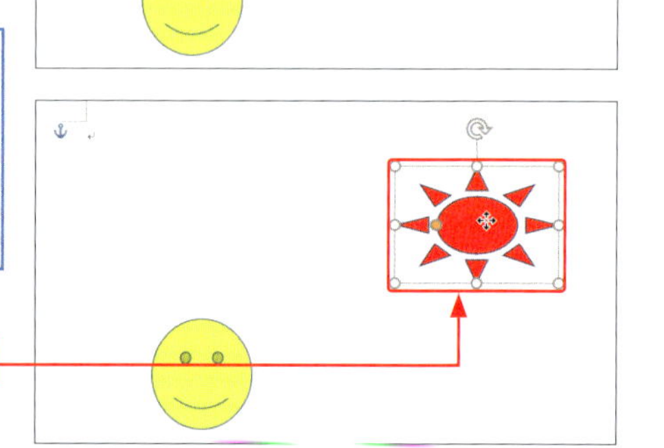

1 図形をクリックして、

2 移動先にドラッグします。

3 図形が移動します。

Hint 図形の移動

図形を水平方向や垂直方向に移動するには、Shiftを押しながら図形をドラッグします。

2 図形をコピーする

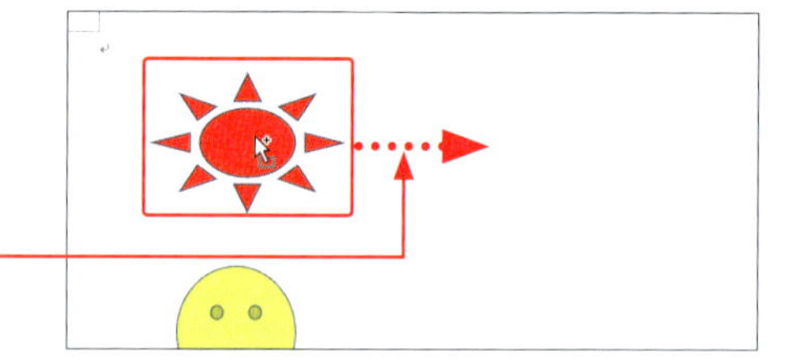

1 Ctrlを押しながら図形をドラッグします。

2 図形がコピーされます。

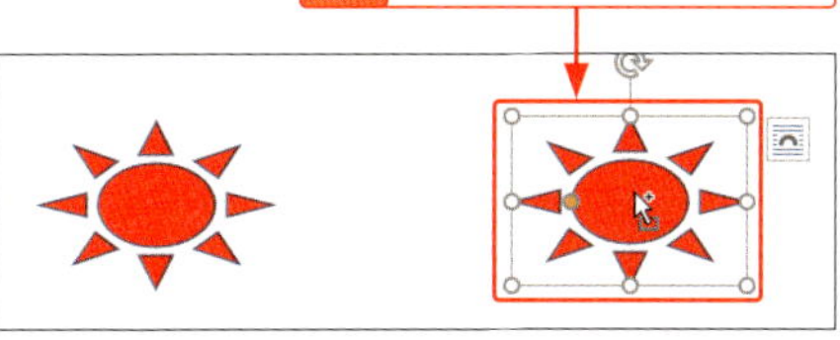

Hint

図形のコピー

図形を水平方向や垂直方向にコピーするには、Shift+Ctrlを押しながらドラッグします。

3 図形を整列する

1 Shiftを押しながら図形をクリックして、複数の図形を選択します。

2 <描画ツール>の<書式>タブで<オブジェクトの配置>をクリックし、

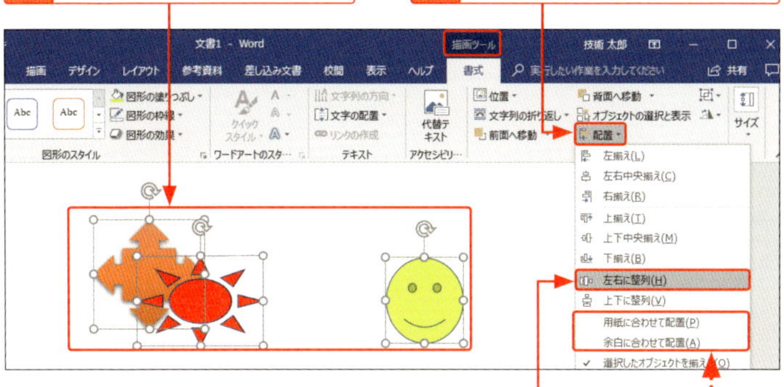

3 <左右に整列>をクリックすると、

Memo参照

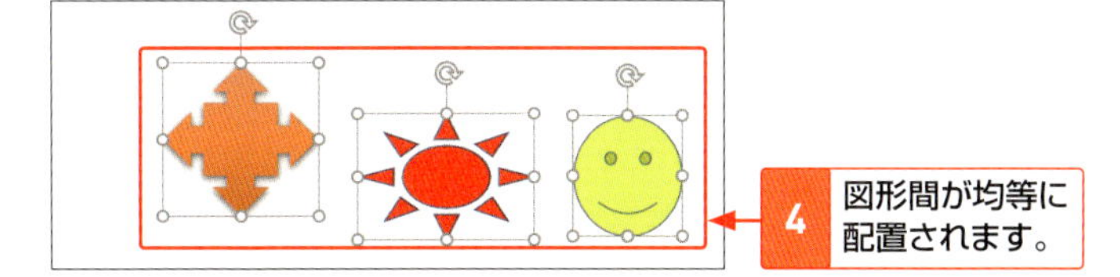

4 図形間が均等に配置されます。

Memo

図形の整列と配置基準

<オブジェクトの配置>を利用すると、複数の図形を揃えることができます。初期設定では選択した図形のみで揃えますが、<用紙に合わせて配置>または<余白に合わせて配置>を選んで、上下左右に図形を揃えることもできます。ただし、文書の中にほかの図形や文章があるときれいに整列できない場合があります。

図形の表示と配置を設定する

複数の図形を扱う場合、図形が重なり合うと、順番がわかかりにくくなります。ここでは、**図形の重なり順**を確認する方法や**図形を前面へ移動**したり、**背面へ移動**したりする方法を紹介します。

1 図形の重なり順を確認する

3つの図形を重ねています。

1 一番上の図形をクリックして選択します。

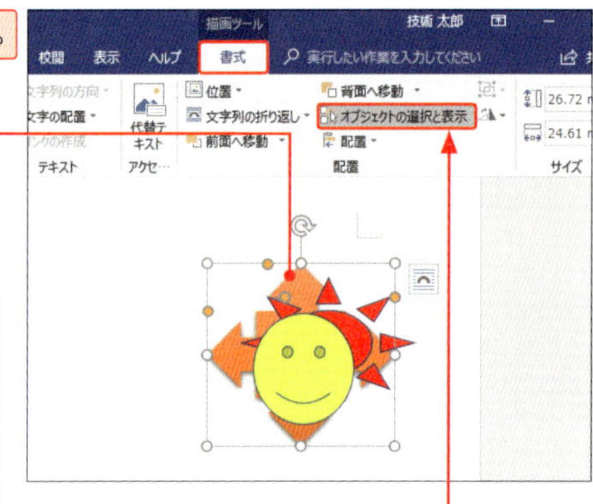

2 ＜描画ツール＞の＜書式＞タブで＜オブジェクトの選択と表示＞をクリックします。

Memo 重なった図の選択

右の方法で、重なり順の確認や図の選択ができます。ただし、文書内にほかにも図やテキストボックスなどがあると、＜選択＞作業ウィンドウにすべてのオブジェクトが表示されるので、重なり順は確認しにくくなります。

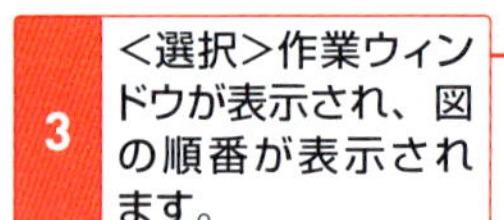

3 ＜選択＞作業ウィンドウが表示され、図の順番が表示されます。

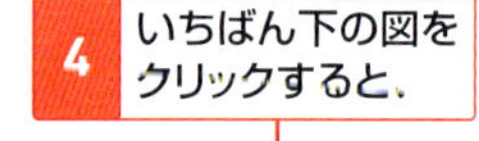

4 いちばん下の図をクリックすると、

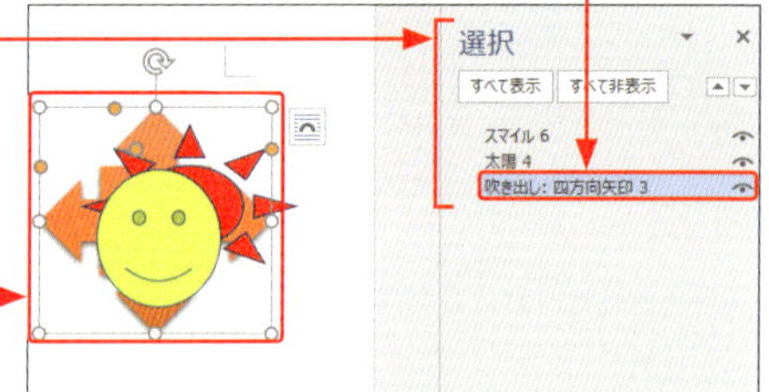

5 図が選択された状態になります。

2 図形を背面へ移動する

1 図形をクリックして選択します。

2 <描画ツール>の<書式>タブで<背面へ移動>をクリックします。

ここでも、順番を確認できます。

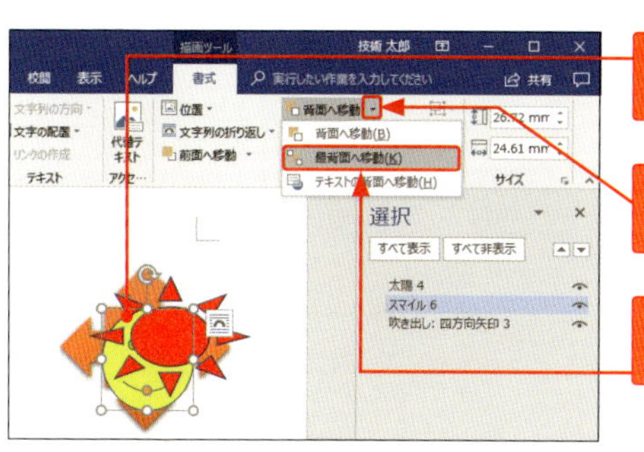

3 図形の1つ下（背面）に移動します。

4 <背面へ移動>の ▼ をクリックして、

5 <最背面へ移動>をクリックします。

6 重なり合った図形のいちばん下（最背面）へ移動します。

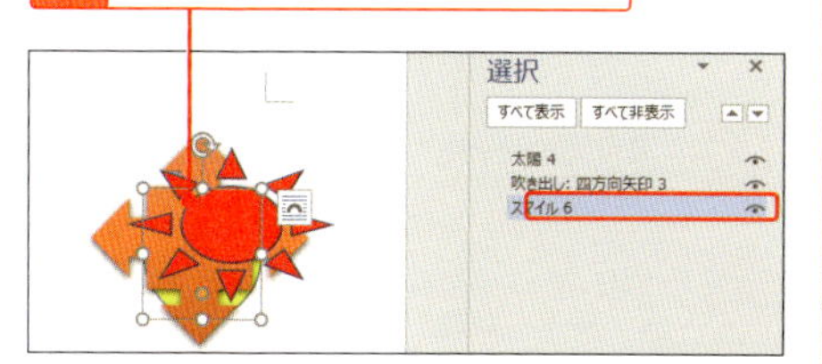

Memo 背面へ移動

複数の図形が重なっている場合、図形を下の図形の下（背面）に置きたい場合は、<背面へ移動>を、いちばん下に置きたい場合は<最背面へ移動>をクリックします。

Hint <選択>作業ウィンドウを利用する

<選択>作業ウィンドウの ▼ をクリックすると、1つ背面へ移動します。ただし、図の<文字列の折り返し>が<前面>になっている場合のみ利用できます。

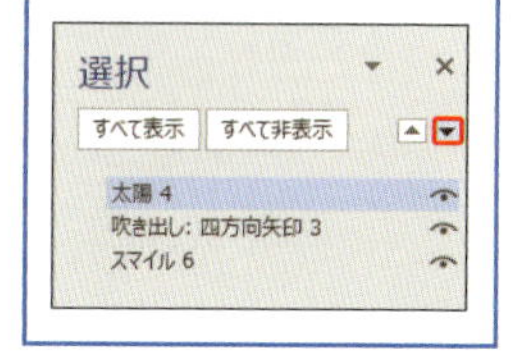

3 図形を前面へ移動する

1 いちばん下の図形を選択して、

2 <描画ツール>の<書式>タブで<前面へ移動>をクリックします。

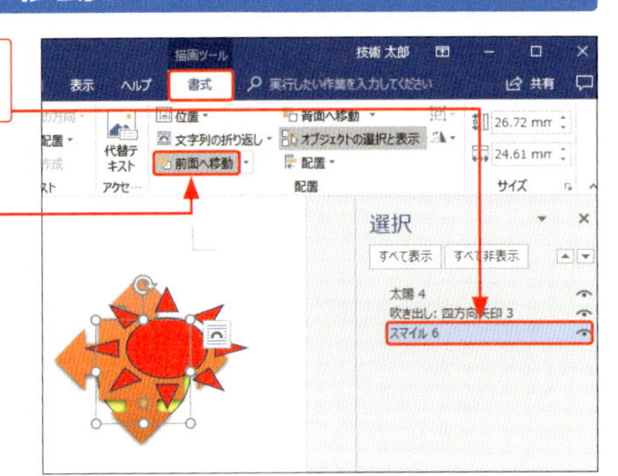

3 図形の1つ上(前面)に移動します。

4 <前面へ移動>の ▾ をクリックして、

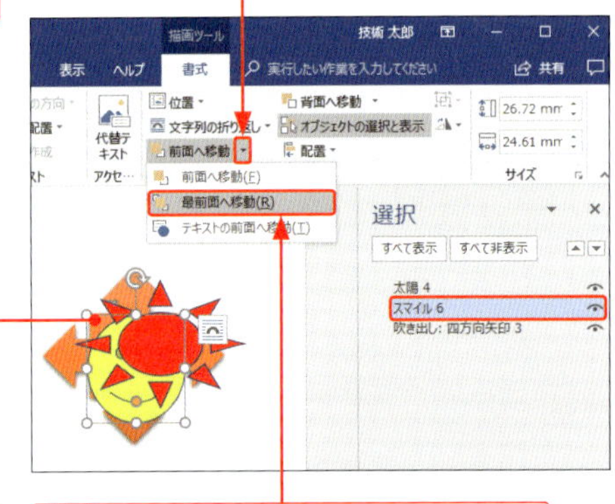

5 <最前面へ移動>をクリックします。

6 重なり合った図形のいちばん上(最前面)へ移動します。

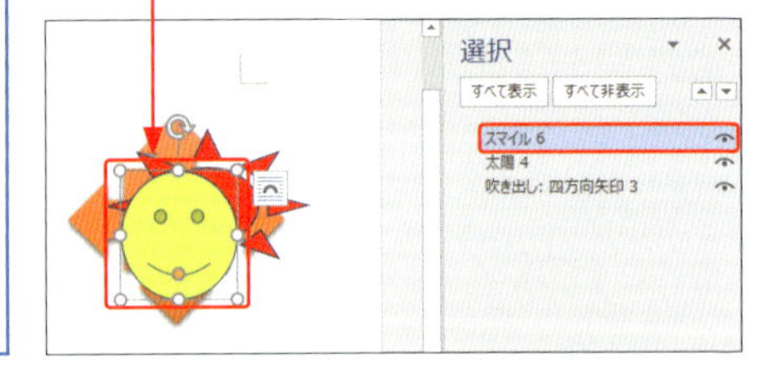

Memo

前面へ移動

複数の図形が重なっている場合、図形を上の図形の上(前面)に置きたい場合は、<前面へ移動>を、いちばん上に置きたい場合は<最前面へ移動>をクリックします。また、<選択>作業ウィンドウの ▲ を使っても移動することができます(P.145Hint参照)。

第6章

表の作成と編集

表を作成する

表のデータ数がわかっているときには、**行と列の数を指定**して、**表の枠組みを作成**してからデータを入力します。また、ドラッグして罫線を1本ずつ引いて作成することもできます。

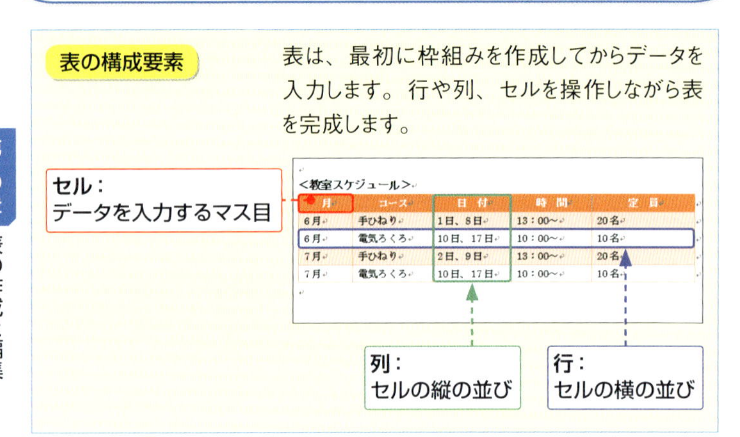

1 行と列の数を指定して表を作成する

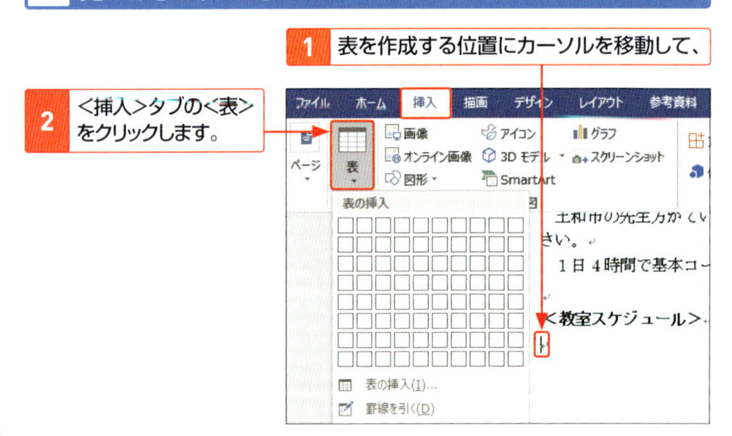

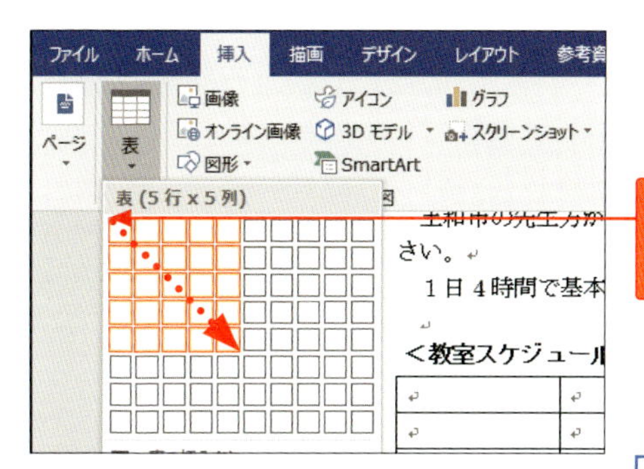

3 マウスポインターを動かして、列数と行数を指定します。

4 指定した行列数で表が作成されます。

5 セル内にカーソルが表示されるので文字を入力して、

6 Tab を押します。

7 右のセルにカーソルが移動します。

<教室スケジュール>

月				

8 表のデータをすべて入力します。

<教室スケジュール>

月	コース	日□付	時□間	定□員
6月	手ひねり	1日、8日	13：00～	20名
6月	電気ろくろ	10日、17日	10：00～	10名
7月	手ひねり	2日、9日	13：00～	20名
7月	電気ろくろ	10日、17日	10：00～	10名

Memo

そのほかの作成方法

手順 2 の画面で＜表の挿入＞をクリックして、表示される＜表の挿入＞画面に列数と行数を指定します。

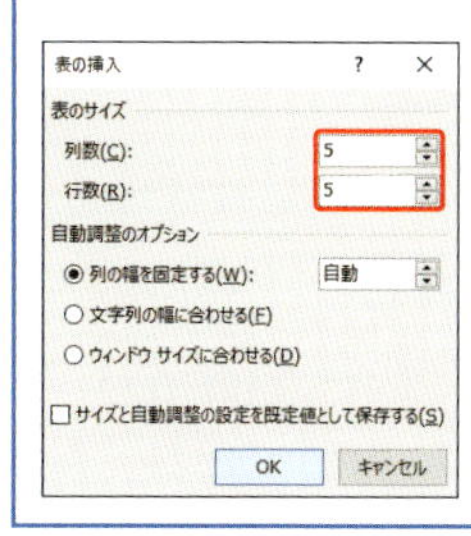

Hint

セル間の移動方法

セル間は、Tab で右のセルへ、Shift ＋ Tab で左のセルへ移動します。目的のセル内をクリックして入力してもかまいません。

2 レイアウトを考えながら表を作成する

1 <挿入>タブの<表>をクリックして、

2 <罫線を引く>をクリックします。

3 マウスポインターの形が✎に変わった状態でドラッグすると、

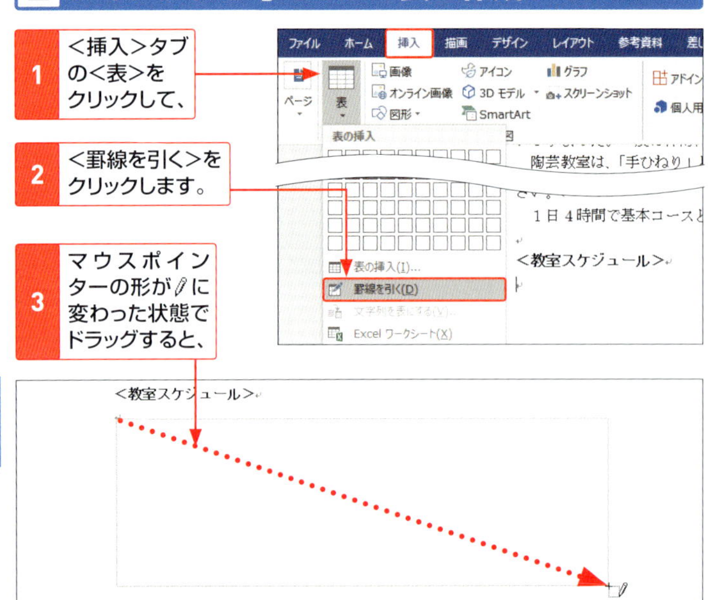

4 表の枠線が作成できます。

5 右へドラッグします。

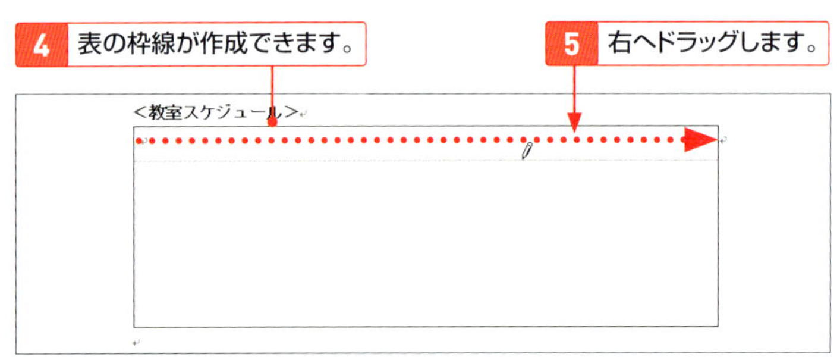

Memo
<罫線を引く>を解除する

Escを押すか、<レイアウト>タブの<罫線を引く>を再度クリックすると、操作が解除されます。

StepUp
斜線を引く

セル内を対象線上に斜めにドラッグすると、斜線を引くことができます。

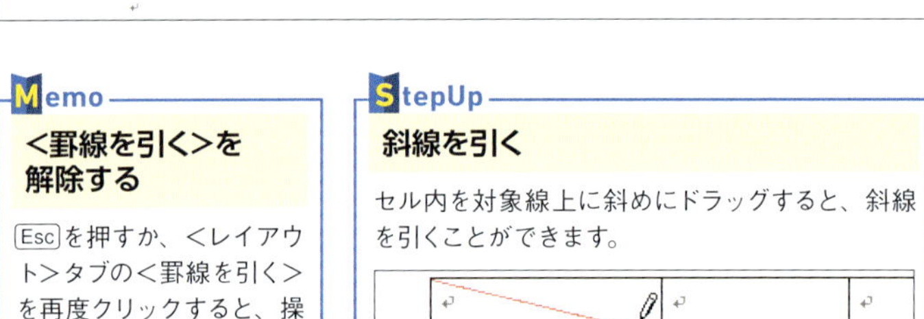

6 罫線が引かれます。

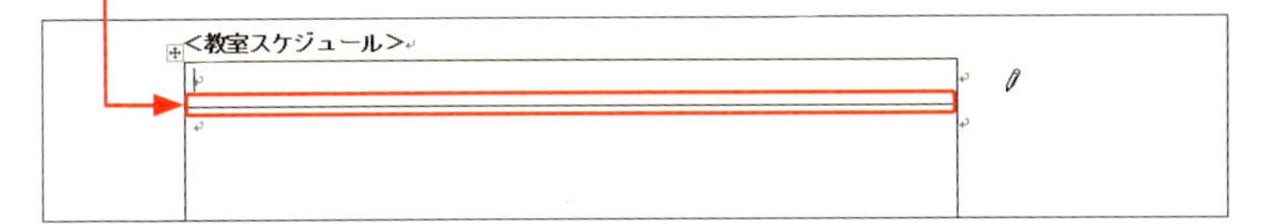

7 縦横の罫線を引いて、表を作成します。

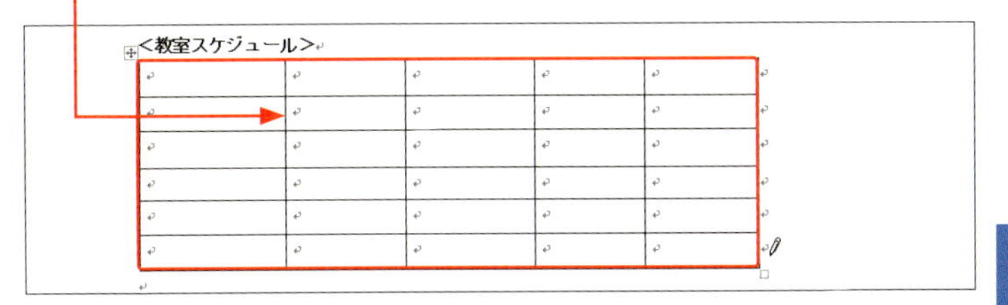

3 罫線を削除する

1 表を選択して、<表ツール>の<レイアウト>タブをクリックし、

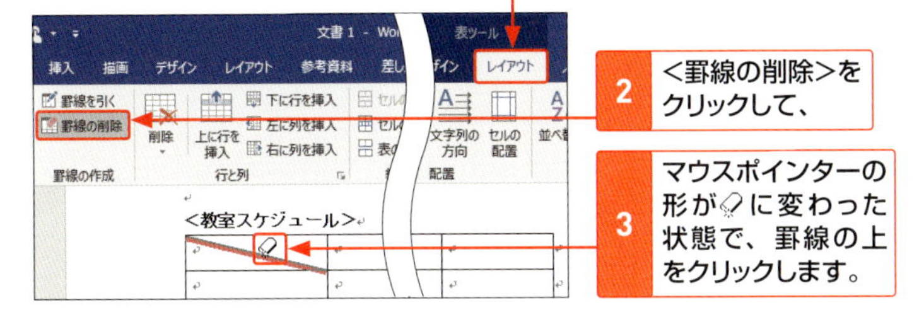

2 <罫線の削除>をクリックして、

3 マウスポインターの形が🧽に変わった状態で、罫線の上をクリックします。

4 罫線が削除されます。

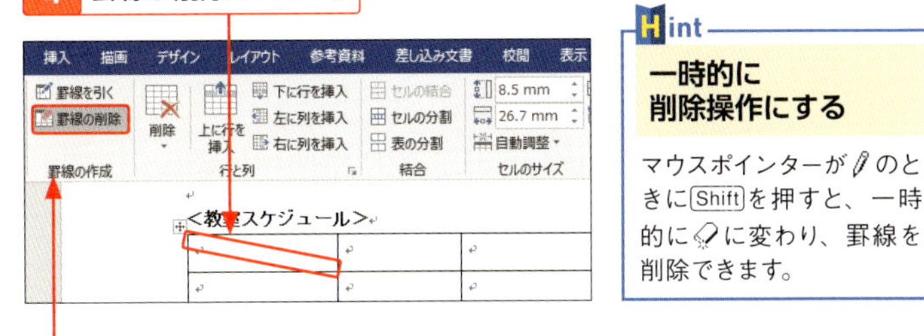

5 <罫線の削除>をクリックして、削除操作を解除します。

Hint

一時的に削除操作にする

マウスポインターが✏のときにShiftを押すと、一時的に🧽に変わり、罫線を削除できます。

すでにあるデータから表を作成する

表の枠組みを先に作成するのではなく、**入力してあるデータから表を作成**することができます。データを先に入力する場合は、行や列の区切りになる項目間を**タブや段落で区切っておく**必要があります。

1 データを入力する

1 最初の文字列（データ）を入力して、

2 Tab を押します。

<教室スケジュール>
月 →

3 次の文字列を入力して、Tab を押します。

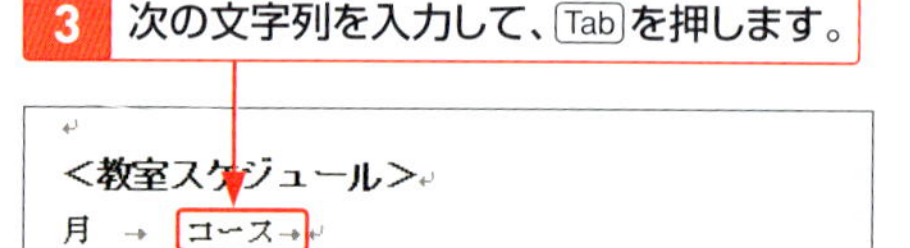

4 同様にして、すべて入力します。

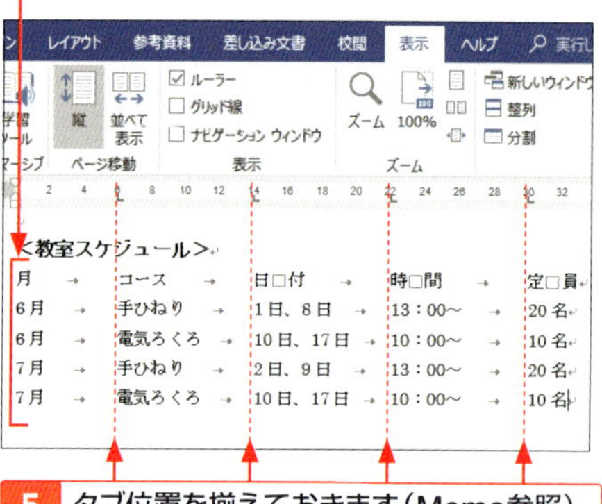

<教室スケジュール>

月	コース	日□付	時□間	定□員
6月	手ひねり	1日、8日	13：00～	20名
6月	電気ろくろ	10日、17日	10：00～	10名
7月	手ひねり	2日、9日	13：00～	20名
7月	電気ろくろ	10日、17日	10：00～	10名

5 タブ位置を揃えておきます（Memo参照）。

Memo
文字を表にする
文字列から表に変換するには、タブ区切りの文字列にします。タブ位置がセルの区切りになるため、タブを揃えておきます（Sec.24参照）。

Hint
空白のセルの挿入
何もデータがないセルを作る場合は、何も入力せずに Tab を押します。

2 データを表に変換する

1 タブで区切った文字列をドラッグして選択します。

2 <挿入>タブをクリックして、

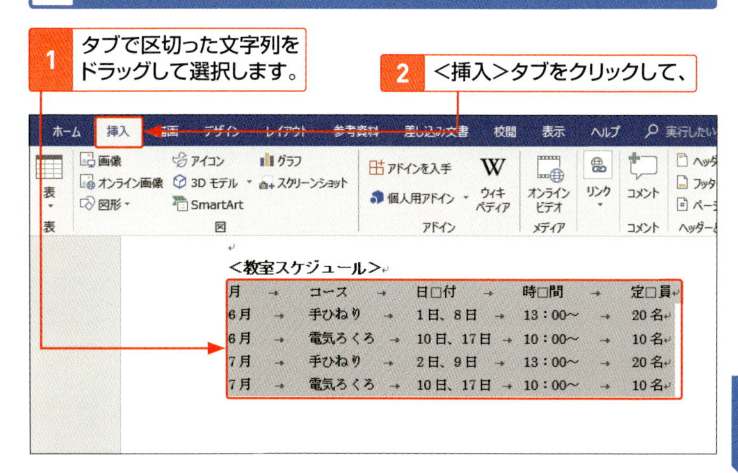

3 <表>をクリックし、

4 <表の挿入>をクリックします。

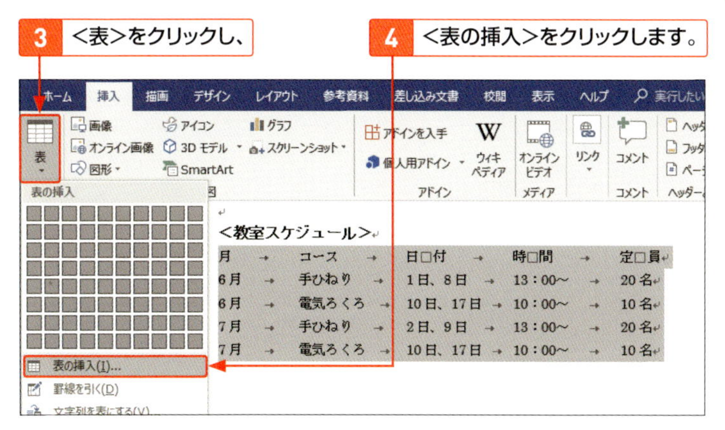

5 表が作成されます。

<教室スケジュール>

月	コース	日□付	時□間	定□員
6月	手ひねり	1日、8日	13：00～	20名
6月	電気ろくろ	10日、17日	10：00～	10名
7月	手ひねり	2日、9日	13：00～	20名
7月	電気ろくろ	10日、17日	10：00～	10名

セルを選択する

作成した表の1つ1つを**セル**といいます。セルに対して編集や操作を行う場合、**セルを選択**する必要があります。1つのセルのほか、**複数のセルの選択**、**表全体の選択**方法を紹介します。

1 セルを選択する

1 選択したいセルの左下にマウスポインターを移動します。

<教室スケジュール>

月	コース	日□付	時□間	定□員
6月	手ひねり	1日、8日	13：00〜	20名
6月	電気ろくろ	10日、17日	10：00〜	10名
7月	手ひねり	2日、9日	13：00〜	20名
7月	電気ろくろ	10日、17日	10：00〜	10名

2 ➚の形に変わるのでクリックします。

3 セルが選択されます。

Hint 行や列を選択する

行を選択するには、行の左側でマウスポインターが ➚ の状態のときにクリックします。列を選択するには、列の上部でマウスポインターが ⬇ の状態のときにクリックします。

2 複数のセルを選択する

1 セルの左下にマウスポインターを移動して ➚ になったら、

＜教室スケジュール＞

月	コース	日□付	時□間	定□員
6月	手ひねり	1日、8日	13：00〜	20名
6月	電気ろくろ	10日、17日	10：00〜	10名
7月	手ひねり	2日、9日	13：00〜	20名
7月	電気ろくろ	10日、17日	10：00〜	10名

2 下へドラッグします。

3 複数のセルが選択されます。

＜教室スケジュール＞

月	コース	日□付	時□間	定□員
6月	手ひねり	1日、8日	13：00〜	20名
6月	電気ろくろ	10日、17日	10：00〜	10名
7月	手ひねり	2日、9日	13：00〜	20名
7月	電気ろくろ	10日、17日	10：00〜	10名

Hint
離れたセルの選択

離れたセルを選択したい場合は、1つ目のセルを選択して、Ctrl を押しながらほかのセルをクリックします。

＜教室スケジュール＞

月	コース
6月	手ひねり
6月	電気ろくろ
7月	手ひねり
7月	電気ろくろ

3 表全体を選択する

＜教室スケジュール＞

月	コース	日□付	時□間	定□員
6月	手ひねり	1日、8日	13：00〜	20名
6月	電気ろくろ	10日、17日	10：00〜	10名
7月	手ひねり	2日、9日	13：00〜	20名
7月	電気ろくろ	10日、17日	10：00〜	10名

1 表内をクリックすると、

2 左上に ⊞ が表示されるのでクリックします。

3 表全体が選択されます。

＜教室スケジュール＞

月	コース	日□付	時□間	定□員
6月	手ひねり	1日、8日	13：00〜	20名
6月	電気ろくろ	10日、17日	10：00〜	10名
7月	手ひねり	2日、9日	13：00〜	20名
7月	電気ろくろ	10日、17日	10：00〜	10名

Memo
表全体の選択

表内をクリックするか、表内にマウスポインターを移動すると、⊞ が表示されます。表全体を選択すると、表の移動や書式変更などを行うことができます。

行や列を挿入する

表に新しい行や列を挿入するには、＜表ツール＞の＜レイアウト＞タブにあるコマンドを利用します。Word 2019では＜挿入＞マークをクリックするだけでかんたんに挿入することができます。

1 行を挿入する

1 挿入したい行の余白にマウスポインターを近づけると、

＜教室スケジュール＞

月	コース	日□付	時□間	定□員
6月	手ひねり	1日、8日	13：00〜	20名
6月	電気ろくろ	10日、17日	10：00〜	10名
7月	手ひねり	2日、9日	13：00〜	20名
7月	電気ろくろ	10日、17日	10：00〜	10名

2 ⊕が表示されるのでクリックします。

3 行が挿入されます。

＜教室スケジュール＞

月	コース	日□付	時□間	定□員
6月	手ひねり	1日、8日	13：00〜	20名
6月	電気ろくろ	10日、17日	10：00〜	10名
7月	手ひねり	2日、9日	13：00〜	20名
7月	電気ろくろ	10日、17日	10：00〜	10名

Hint そのほかの挿入方法

＜表ツール＞の＜レイアウト＞タブの＜上に行を挿入＞でカーソル位置の上に、＜下に行を挿入＞でカーソル位置の下に行を挿入できます。

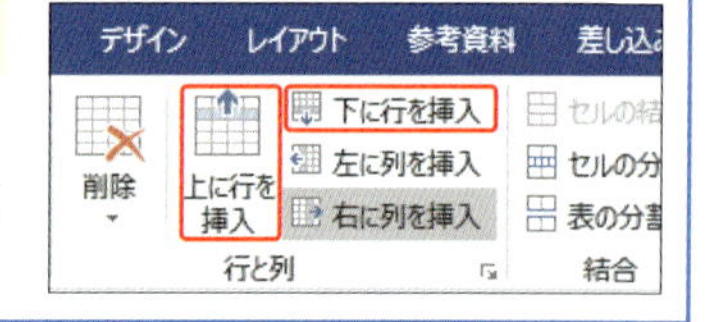

2 列を挿入する

1 列の上部にマウスポインターを近づけると、⊕が表示されるのでクリックします。

<教室スケジュール>

月	コース	日□付	時□間	定□員
6月	手ひねり	1日、8日	13：00～	20名
6月	電気ろくろ	10日、17日	10：00～	10名
7月	手ひねり	2日、9日	13：00～	20名
7月	電気ろくろ	10日、17日	10：00～	10名

2 列が挿入されます。

表全体の列幅が自動的に調整されます。

<教室スケジュール>

月	コース	日□付		時□間	定□員
6月	手ひねり	1日、8日		13：00～	20名
6月	電気ろくろ	10日、17日		10：00～	10名
7月	手ひねり	2日、9日		13：00～	20名
7月	電気ろくろ	10日、17日		10：00～	10名

Hint

そのほかの挿入方法

列を挿入したい列の左右いずれかのセル内にカーソルを移動します。<表ツール>の<レイアウト>タブをクリックして、<左に列を挿入>をクリックするとカーソル位置の左側に、<右に列を挿入>をクリックするとカーソル位置の右側に列を挿入できます。

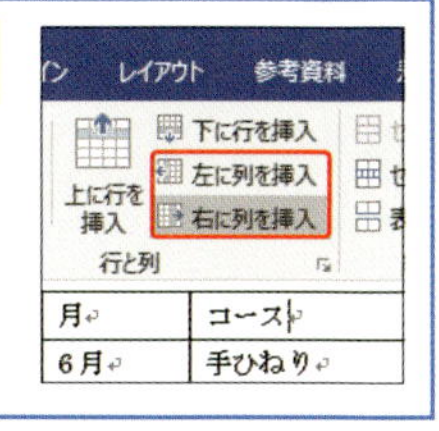

Hint

ミニツールバーを利用する

Word 2019では、列や行を選択すると表示されるミニツールバーに<挿入>と<削除>が用意されています。

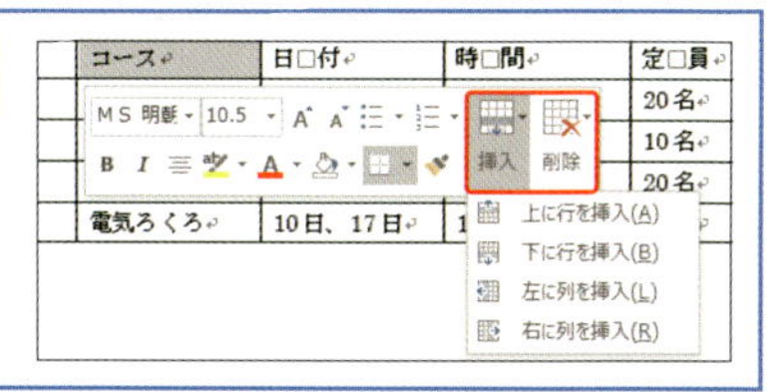

行や列・表を削除する

作成した表の不要になった行や列、表全体はBackSpaceや<レイアウト>タブの<削除>で削除します。また、表の罫線は残して、選択した部分のデータのみを削除することもできます。

1 列を削除する

1 列の上部にマウスポインターを合わせ、形が⬇に変わる位置でクリックすると、

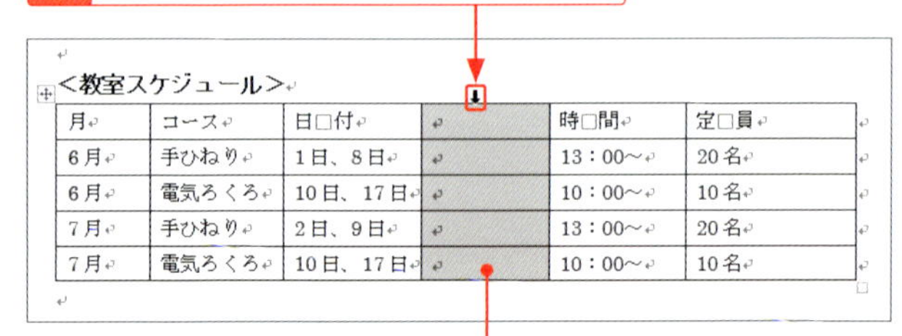

<教室スケジュール>

月	コース	日□付		時□間	定□員
6月	手ひねり	1日、8日		13：00～	20名
6月	電気ろくろ	10日、17日		10：00～	10名
7月	手ひねり	2日、9日		13：00～	20名
7月	電気ろくろ	10日、17日		10：00～	10名

2 列が選択されます。

3 BackSpaceを押すと、

4 列が削除されます。

<教室スケジュール>

月	コース	日□付	時□間	定□員
6月	手ひねり	1日、8日	13：00～	20名
6月	電気ろくろ	10日、17日	10：00～	10名
7月	手ひねり	2日、9日	13：00～	20名
7月	電気ろくろ	10日、17日	10：00～	10名

Hint

そのほかの削除方法

削除したい列を選択して、<表ツール>の<レイアウト>タブで<削除>をクリックし、<列の削除>をクリックしても削除できます。

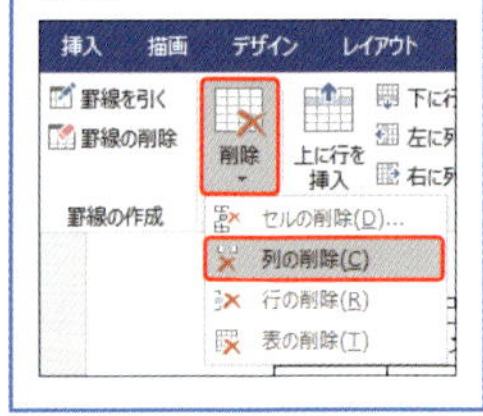

Memo

行の削除

行を選択して、BackSpaceを押すか、<表ツール>の<レイアウト>タブで<削除>→<行の削除>をクリックすると、行が削除できます。

2 表全体を削除する

1 ⊞をクリックして表全体を選択し、

2 BackSpace を押すと、

＜教室スケジュール＞

月	コース	日□付	時□間	定□員
6月	手ひねり	1日、8日	13：00～	20名
6月	電気ろくろ	10日、17日	10：00～	10名
7月	手ひねり	2日、9日	13：00～	20名
7月	電気ろくろ	10日、17日	10：00～	10名

3 表が削除されます。

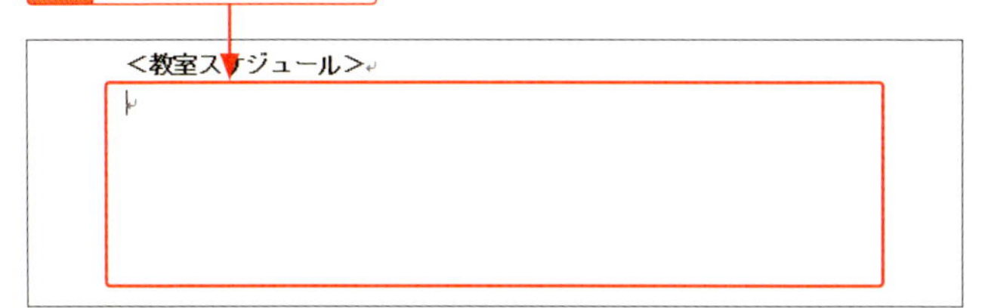

3 データのみを削除する

1 ⊞をクリックして表全体を選択し、

2 Delete を押すと、

＜教室スケジュール＞

月	コース	日□付	時□間	定□員
6月	手ひねり	1日、8日	13：00～	20名
6月	電気ろくろ	10日、17日	10：00～	10名
7月	手ひねり	2日、9日	13：00～	20名
7月	電気ろくろ	10日、17日	10：00～	10名

3 罫線は残して、データのみが削除されます。

＜教室スケジュール＞

Hint

データのみを削除する

行や列、表を選択して Delete を押すと、罫線は残してデータのみが削除されます。

Memo

もとに戻す

クイックアクセスツールバーの＜元に戻す＞ を クリックすると、操作がもとに戻ります（Sec.07参照）。

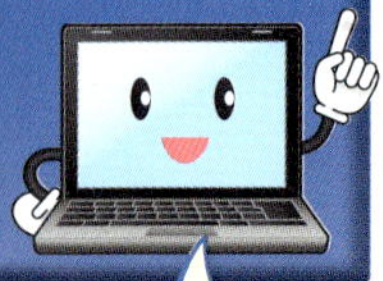

行や列を移動する／コピーする

行や列を移動させたい場合は、<ホーム>タブの<切り取り>と<貼り付け>を利用します。コピーしたい場合は、<ホーム>タブの<コピー>と<貼り付け>を利用します。

1 行を移動する

1 移動したい行を選択して、

2 <ホーム>タブの<切り取り>をクリックします。

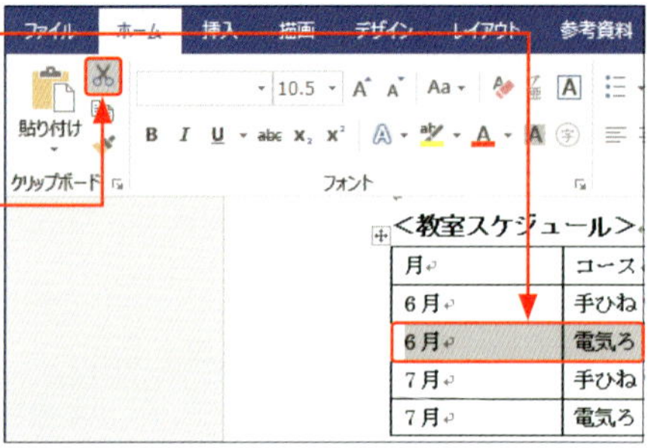
ファイル
ホーム
挿入
描画
デザイン
レイアウト
参考資料
貼り付け
クリップボード
フォント
<教室スケジュール>
月
コース
6月
手ひね
6月
電気ろ
7月
手ひね
7月
電気ろ

3 移動先の行にカーソルを移動して、

4 <貼り付け>の上部をクリックします。

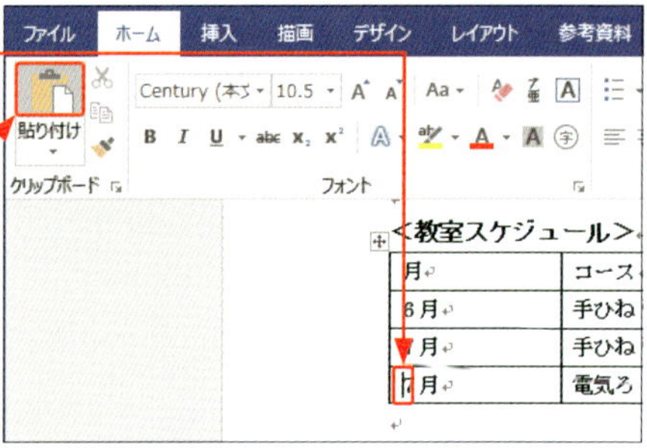
ファイル
ホーム
挿入
描画
デザイン
レイアウト
参考資料
貼り付け
クリップボード
Century
フォント
<教室スケジュール>
月
コース
6月
手ひね
月
手ひね
月
電気ろ

5 行が移動します。

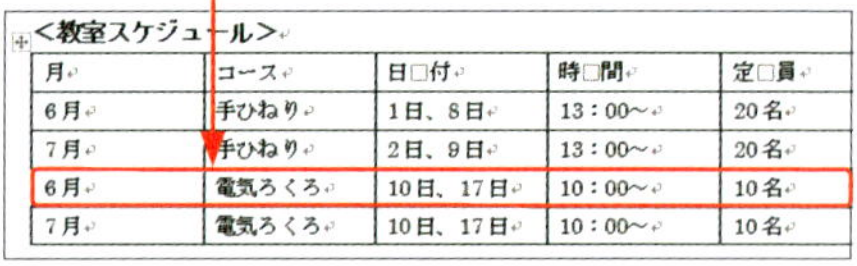
<教室スケジュール>
月 コース 日付 時間 定員
6月 手ひねり 1日、8日 13：00～ 20名
7月 手ひねり 2日、9日 13：00～ 20名
6月 電気ろくろ 10日、17日 10：00～ 10名
7月 電気ろくろ 10日、17日 10：00～ 10名

Hint

列を移動する

列の移動も、行と同様に選択して、<切り取り>と<貼り付け>を行います。

2 行をコピーする

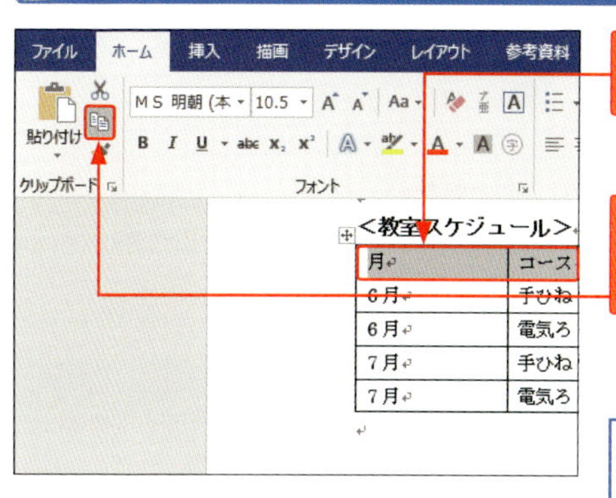

1 コピーしたい行を選択して、

2 <ホーム>タブの<コピー>をクリックします。

3 コピー先の行をクリックしてカーソルを移動し、

4 <貼り付け>の上部をクリックします。

<教室スケジュール>

月	コース	日□付	時□間	定□員
6月	手ひねり	1日、8日	13：00～	20名
6月	電気ろくろ	10日、17日	10：00～	10名
月	コース	日□付	時□間	定□員
7月	手ひねり	2日、9日	13：00～	20名
7月	電気ろくろ	10日、17日	10：00～	10名

5 新しい行としてコピー先に挿入されます。

Hint 列をコピーする

列のコピーも、行と同様に選択して、<コピー>と<貼り付け>を行います。

StepUp ショートカットキーでコピーする

行を選択して、Ctrl を押しながら行をコピー先にドラッグしてもコピーすることができます。

セルを挿入する／削除する

表の中にセルを挿入したり、削除したりしたあとは、セルがずれないようにする必要があります。セルを挿入・削除したあとの上下左右のセルをどのように処理するのかを指定します。

1 セルを挿入する

1 セルを挿入したい位置にカーソルを移動して、

2 <表ツール>の<レイアウト>タブをクリックし、

3 ここをクリックします。

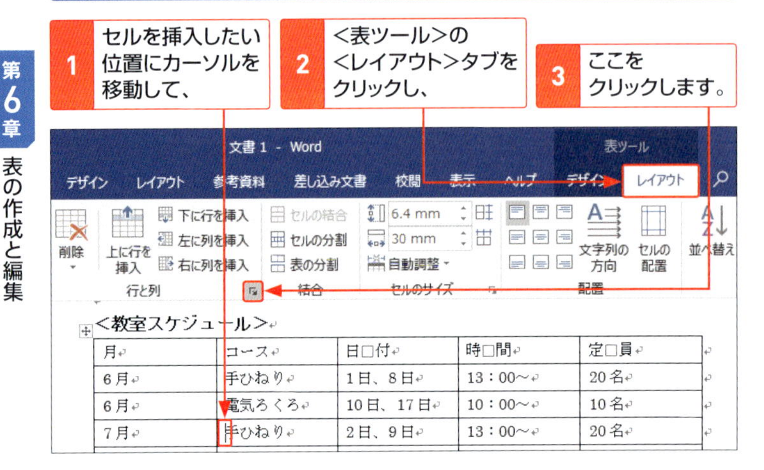

月	コース	日□付	時□間	定□員
6月	手ひねり	1日、8日	13：00～	20名
6月	電気ろくろ	10日、17日	10：00～	10名
7月	手ひねり	2日、9日	13：00～	20名

4 ここをクリックしてオンにし、

5 <OK>をクリックします。

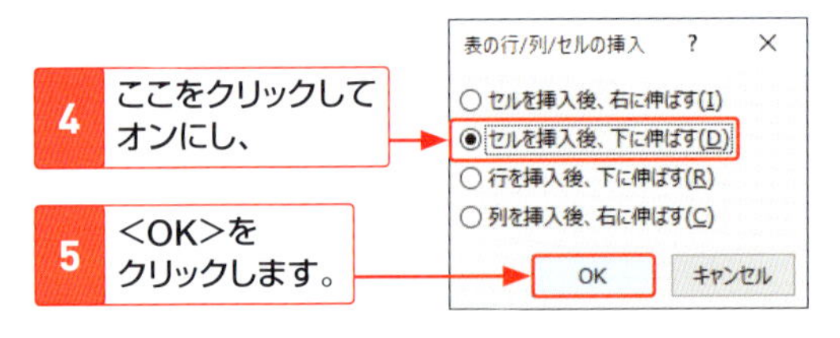

6 選択していた部分にセルが追加され、もとのセルは下にずれます。

<教室スケジュール>

月	コース	日□付	時□間	定
6月	手ひねり	1日、8日	13：00～	20
6月	電気ろくろ	10日、17日	10：00～	10
7月		2日、9日	13：00～	20
7月	手ひねり	10日、17日	10：00～	10

2 セルを削除する

1 削除したいセルを選択して、

2 BackSpace を押します。

＜教室スケジュール＞

月	コース	日□付	時□間	定□員
6月	手ひねり	1日、8日	13：00～	20名
6月	電気ろくろ	10日、17日	10：00～	10名
7月		2日、9日	13：00～	20名
7月	手ひねり	10日、17日	10：00～	10名
	電気ろくろ			

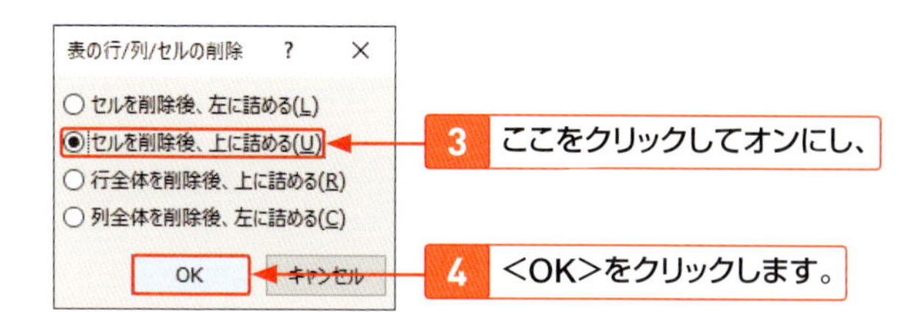

3 ここをクリックしてオンにし、

4 ＜OK＞をクリックします。

5 選択していたセルが削除され、その下にあったセルが上にずれます。

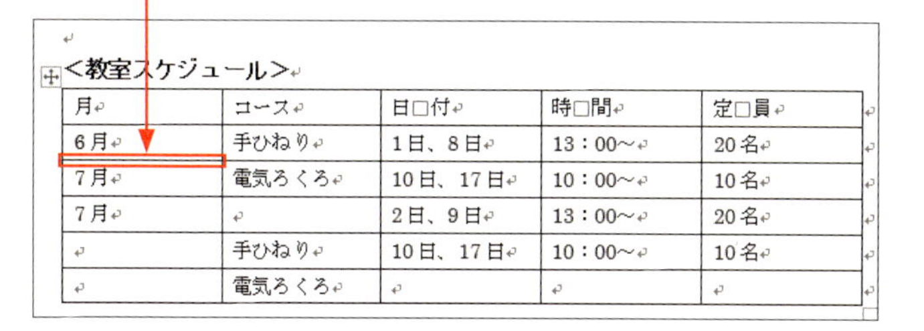

＜教室スケジュール＞

月	コース	日□付	時□間	定□員
6月	手ひねり	1日、8日	13：00～	20名
7月	電気ろくろ	10日、17日	10：00～	10名
7月		2日、9日	13：00～	20名
	手ひねり	10日、17日	10：00～	10名
	電気ろくろ			

Memo

削除画面の表示

手順 3 の削除指定画面は、削除するセルを選択して、＜表ツール＞の＜レイアウト＞タブで＜削除＞→＜セルの削除＞をクリックしても表示できます。

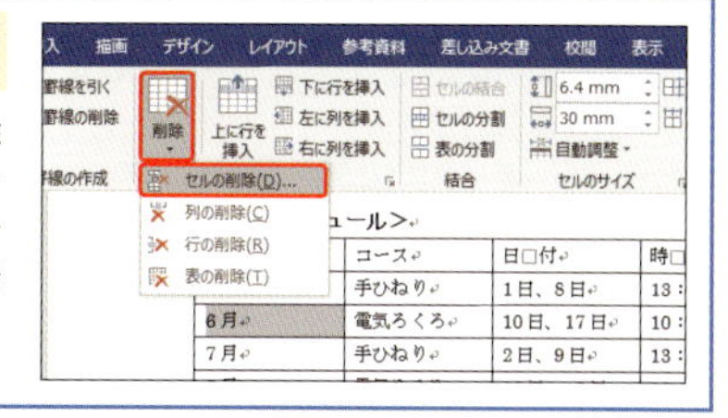

セルを結合する／分割する

複数のセルで同じ項目や見出しなどは、**セルを結合**してまとめたほうが見栄えがよくなります。また、表に小見出しや項目を追加したいときは、**セルを分割して新しいセルを挿入**することができます。

1 セルを結合する

1 結合したいセルを選択して、

2 <表ツール>の<レイアウト>タブで<セルの結合>をクリックします。

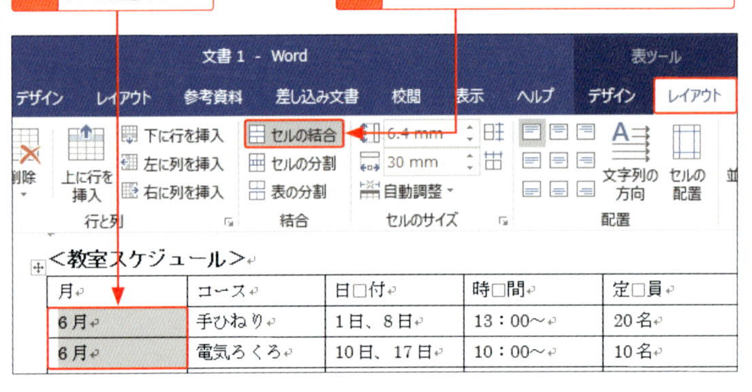

3 セルが結合され、データはそのまま残ります。

月	コース	日□付	時□
6月 6月	手ひねり 電気ろくろ	1日、8日 10日、17日	13 10
7月	手ひねり	2日、9日	13

4 不要な文字を削除します。

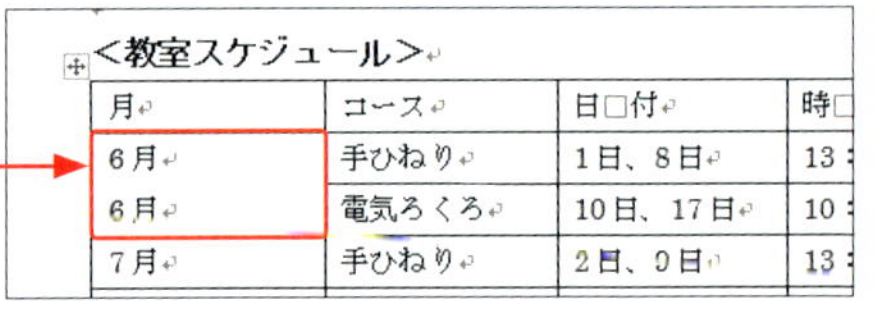

Hint

結合を解除する

結合を解除するには、結合したセルを選択して、セルを分割します（P.165参照）。クイックアクセスツールバーの<元に戻す>をクリックしても戻すことができます。

2 セルを分割する

1 分割したいセルを選択して、

2 <表ツール>の<レイアウト>タブで<セルの分割>をクリックします。

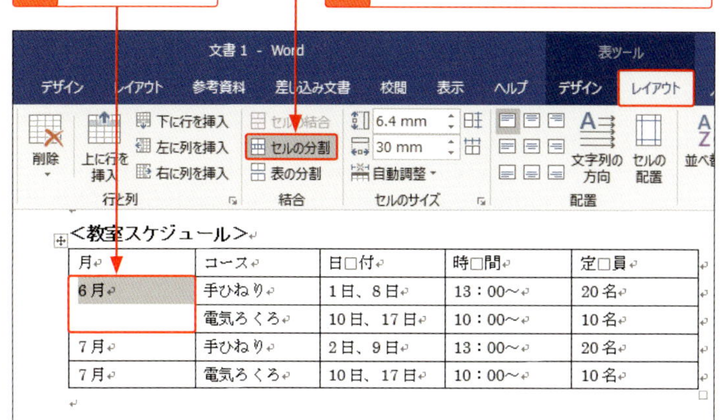

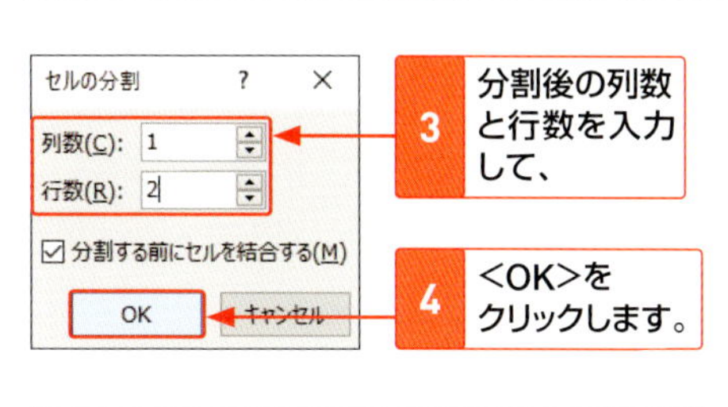

3 分割後の列数と行数を入力して、

4 <OK>をクリックします。

5 セルが分割されます。

Memo

セル分割後の指定

<セルの分割>画面で<分割する前にセルを結合する>をオンにすると、選択範囲が1つのセルとして扱われます。そのため、<列数><行数>では分割したい数を指定しましょう。

Hint

1つのセルを分割する

手順 3 の1つのセルを複数に分割することができます。<セルの分割>画面で<分割する前にセルを結合する>をオフにして、<列数>や<行数>で分割したい数を指定します。

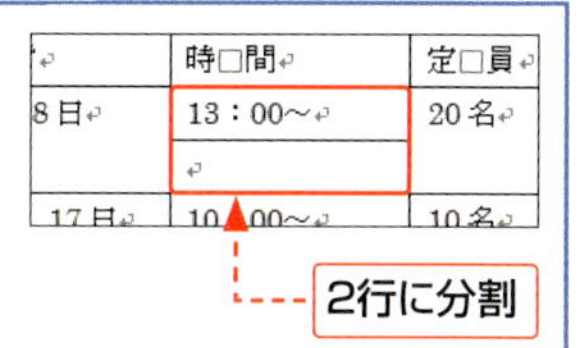

列の幅や行の高さを調整する

列の幅や行の高さは、**罫線をドラッグして調整**します。また、＜レイアウト＞タブの**＜幅を揃える＞**や**＜高さを揃える＞**を利用すると、幅と高さを均等に揃えることができます。

1 列の幅をドラッグで調整する

Memo　行の高さを調整する

横の罫線にマウスポインターを合わせ、÷に変わった状態で上下にドラッグします。

1 縦の罫線にマウスポインターを合わせ、⫲に変わることを確認します。

＜教室スケジュール＞

月	コース	日□付	時□間
6月	手ひねり	1日、8日	13：00～
	電気ろくろ	10日、17日	10：00～
7月	手ひねり	2日、9日	13：00～
	電気ろくろ	10日、17日	10：00～

2 調整したい方向にドラッグします。

＜教室スケジュール＞

月	コース	日□付	時□間
6月	手ひねり	1日、8日	13：00～
	電気ろくろ	10日、17日	10：00～
7月	手ひねり	2日、9日	13：00～
	電気ろくろ	10日、17日	10：00～

この列の幅が広がり、表全体の大きさは変わりません。

StepUp　列幅を文字列に合わせる

＜表ツール＞の＜レイアウト＞タブで＜自動調整＞をクリックして、＜文字列の幅に合わせる＞をクリックします。各セル内の文字数に合わせて列幅が調整され、表全体のサイズも変更されます。

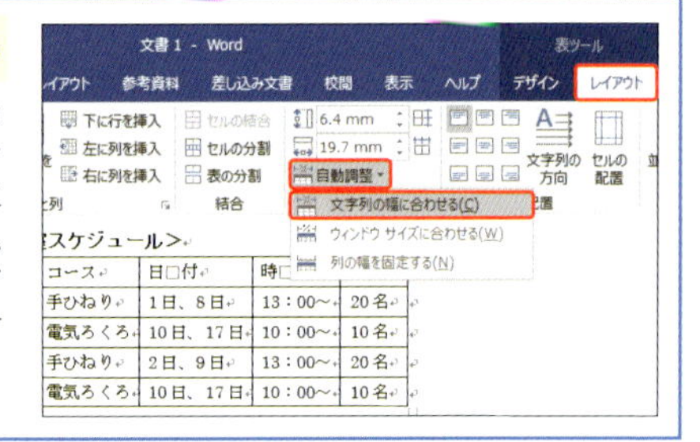

2 列の幅を均等にする

1 列の幅を揃える範囲を選択して、

2 <表ツール>の<レイアウト>タブで<幅を揃える>をクリックします。

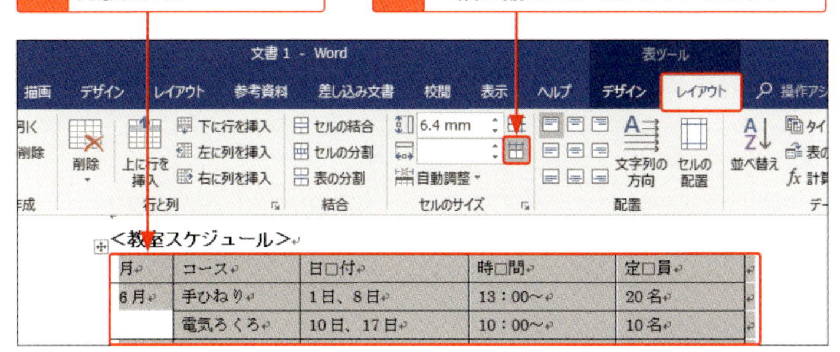

3 列の幅が均等になります。

月	コース	日□付	時□間	定□員
6月	手ひねり	1日、8日	13：00～	20名
	電気ろくろ	10日、17日	10：00～	10名

Memo

行の高さを揃える

揃える範囲を選択して、<表ツール>の<レイアウト>タブで<高さを揃える> をクリックすると、高さが均等になります。

StepUp

表の幅を自動調整する

列の幅を調整した場合に、表がはみ出したり、表が狭まったりした場合は、<表ツール>の<レイアウト>タブで<自動調整>をクリックし、<ウィンドウサイズに合わせる>をクリックします。

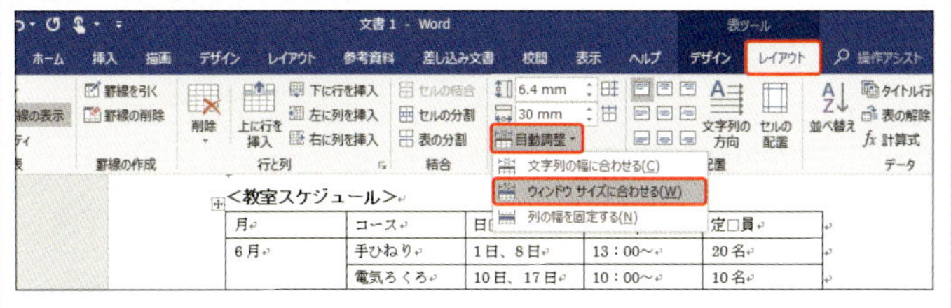

第6章 表の作成と編集

表に書式を設定する

作成した表は、**セル内の文字配置**、**罫線の種類や太さ**、**色**、**セルの色や網かけ**などを設定できます。また、あらかじめデザインされた表（**表のスタイル**）を利用すると便利です。

1 セル内の文字配置を変更する

1 文字配置を変更する範囲を選択します。

2 ＜表ツール＞の＜レイアウト＞タブの＜中央揃え＞をクリックすると、

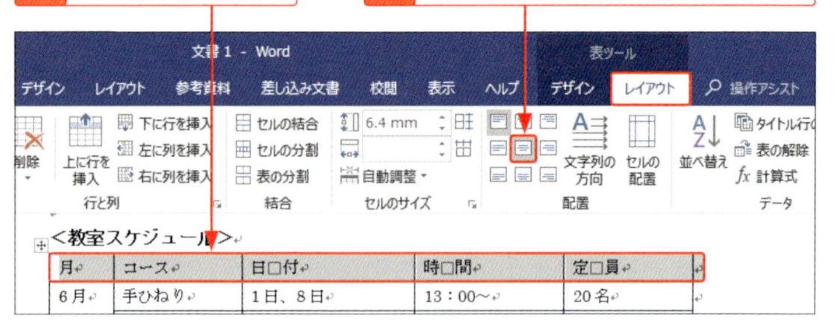

3 文字列が各セルの上下左右中央に揃います。

4 「月」のセルも中央に揃えます。

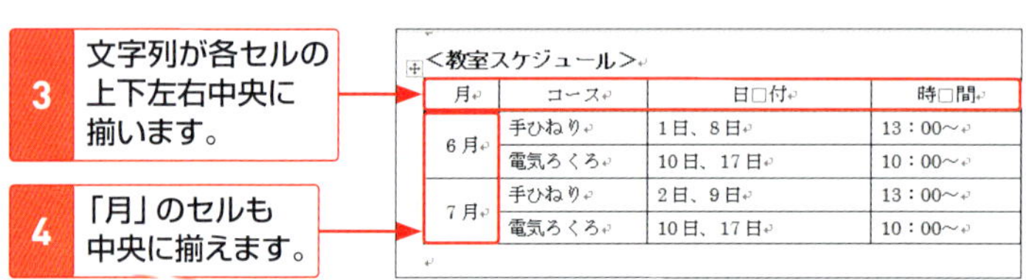

＜教室スケジュール＞

月	コース	日□付	時□間
6月	手ひねり	1日、8日	13：00〜
	電気ろくろ	10日、17日	10：00〜
7月	手ひねり	2日、9日	13：00〜
	電気ろくろ	10日、17日	10：00〜

Memo

セル内の文字配置を設定する

セル内の文字の初期設定は、「両端揃え」です。＜表ツール＞の＜レイアウト＞タブで＜配置＞グループにある9つの配置を利用して、タイトル行は中央に揃えるなど、見やすくなるように文字を配置します。

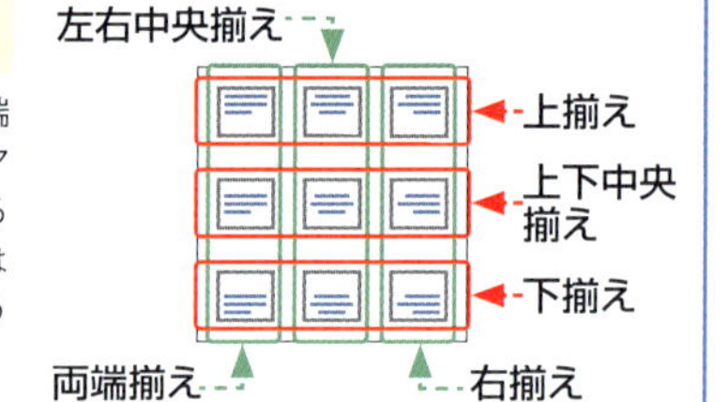

2 罫線の種類を変更する

1 表内をクリックします。

2 ＜表ツール＞の＜デザイン＞タブをクリックして、

3 ＜ペンの色＞の右側をクリックし、

4 目的の色をクリックします。

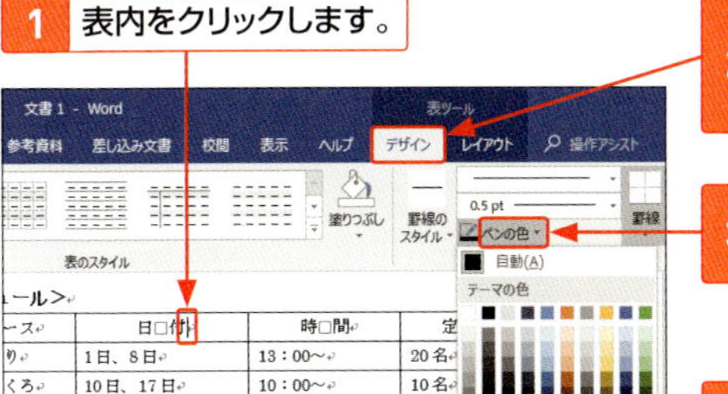

5 ＜ペンのスタイル＞のここをクリックして、

6 目的の罫線をクリックします。

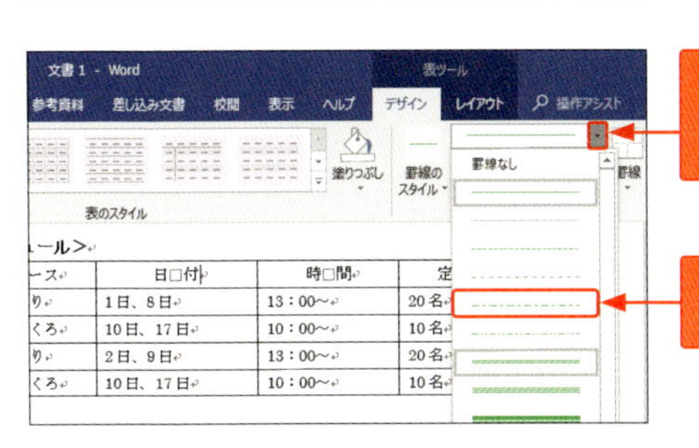

7 マウスポインターの形が の状態で罫線上をドラッグすると、指定した罫線が引かれます。

＜教室スケジュール＞

月	コース	日□付	時□間	定□員
6月	手ひねり	1日、8日	13：00～	20名
	電気ろくろ	10日、17日	10：00～	10名
7月	手ひねり	2日、9日	13：00～	20名
	電気ろくろ	10日、17日	10：00～	10名

Memo

罫線を編集する

＜ペンのスタイル＞＜ペンの色＞＜ペンの太さ＞のいずれかを選択すると、罫線を編集できるようになります。このとき、設定しているペンのスタイル、色、太さで、罫線が引かれます。

Hint

罫線の解除

罫線を引き終わったら、Escを押すか、＜表ツール＞の＜デザイン＞タブで＜罫線の書式設定＞をクリックして解除します。

3 セルに背景色を設定する

1 セルを選択して、

2 <表ツール>の<デザイン>タブで<塗りつぶし>の下部分をクリックし、

3 好みの色をクリックします。

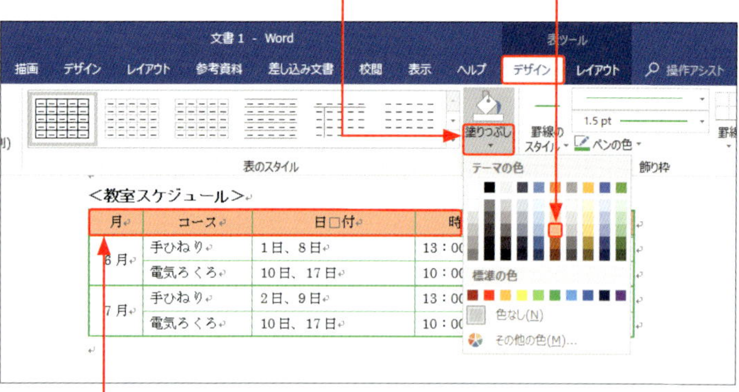

4 選択したセルに色が設定されます。

StepUp

スタイルを設定する

<表ツール>の<デザイン>タブで<表のスタイル>グループにある<その他>をクリックすると、スタイル一覧が表示されます。スタイルを選ぶだけで、かんたんに表に適用できます。

1 スタイルをクリックすると、

2 表に適用されます。

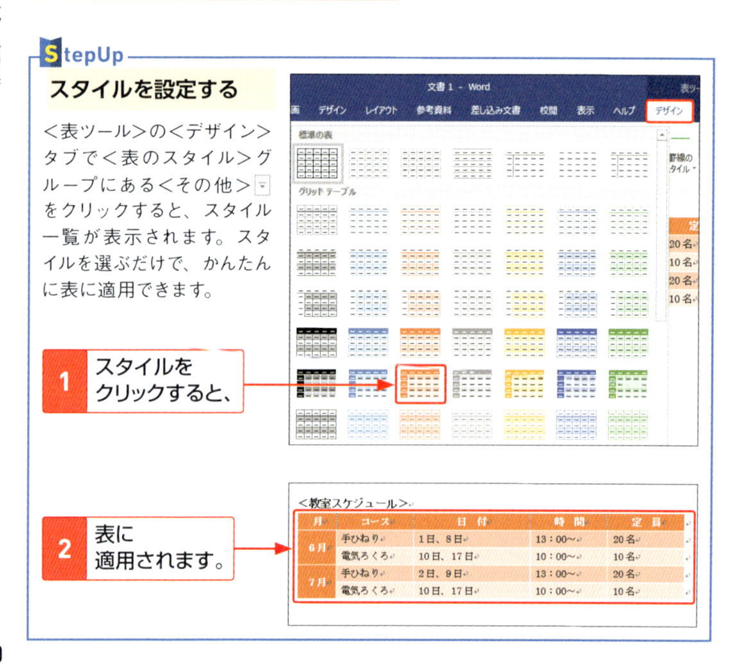

第7章

覚えておくと便利なテクニック

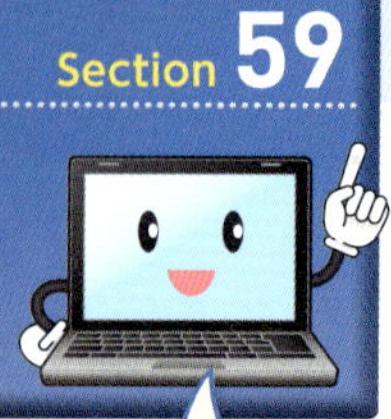

行間隔を設定する

行の間隔を設定すると、1ページに収まる行数を増やしたり、見出しと本文の行間を調整して、文書を読みやすくすることができます。また、**段落の間隔**も変更できます。

1 段落の行間隔を広げる

1行の間隔を2倍に広げます。

1 段落内にカーソルを移動して、

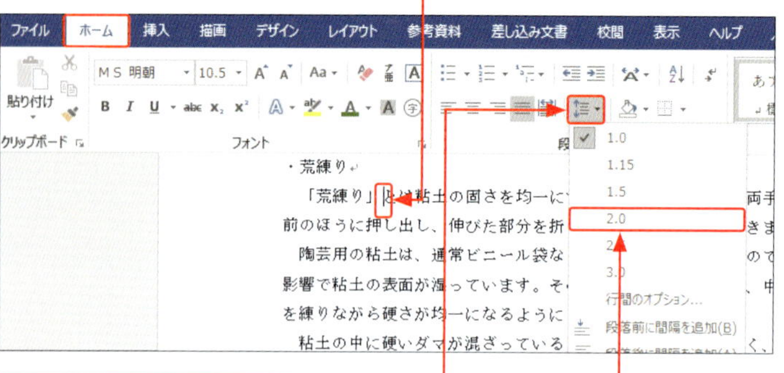

2 <ホーム>タブの<行と段落の間隔>をクリックし、

3 <2.0>をクリックします。

4 段落の行間が2倍になります。

・荒練り

「荒練り」とは粘土の固さを均一にするもので、粘土の塊に両手

前のほうに押し出し、伸びた部分を折り重ねて何度も練っていきま

陶芸用の粘土は、通常ビニール袋などに入れて保存してあるので、
影響で粘土の表面が湿っています。その湿って柔らかい部分と、中

Memo　段落の選択

段落を選択するには、その段落内にカーソルを移動します。複数の段落の場合は、段落をドラッグして選択します（Sec.15参照）。

Hint　行間をもとに戻す

行間をもとに戻すには、設定した段落を選択して、手順3で<1.0>をクリックします。

2 段落の前後の間隔を広げる

1 段落にカーソルを移動して、

2 ＜ホーム＞タブの＜行と段落の間隔＞をクリックし、

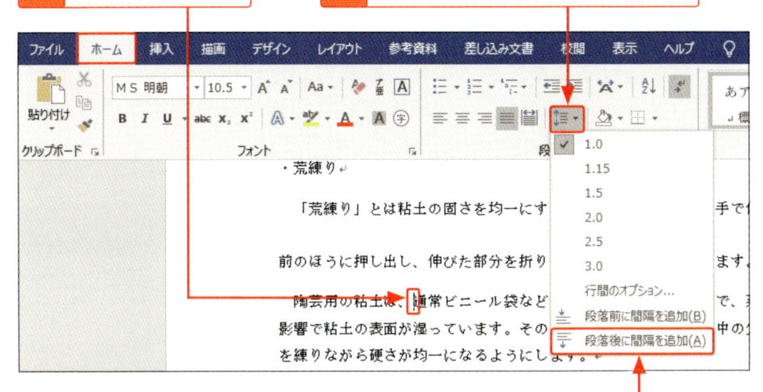

3 ＜段落後に間隔を追加＞をクリックします。

前のほうに押し出し、伸びた部分を折り重ねて何度も練っていきます。

陶芸用の粘土は、通常ビニール袋などに入れて保存してあるので、蒸発した水分の影響で粘土の表面が湿っています。その湿って柔らかい部分と、中の少し固めの部分を練りながら硬さが均一になるようにします。

粘土の中に硬いダマが混ざっていると、作りにくいだけでなく、さらに窯で焼くと

4 段落後に空きができます。

Memo

段落の間隔

手順3の＜段落前に間隔を追加＞（＜段落後に間隔を追加＞）では、段落の前（後）に12pt分の空きが挿入されます。

Hint

間隔を解除する

段落を選択して、同様の手順から＜段落前の間隔を削除＞あるいは＜段落後の間隔を削除＞を選択すると、設定が解除されます。

StepUp

＜段落＞ダイアログボックスで指定する

行間の設定や段落前後の空きは、＜段落＞ダイアログボックス（Sec.26参照）の＜インデントと行間隔＞を利用すると、数値で指定できます。

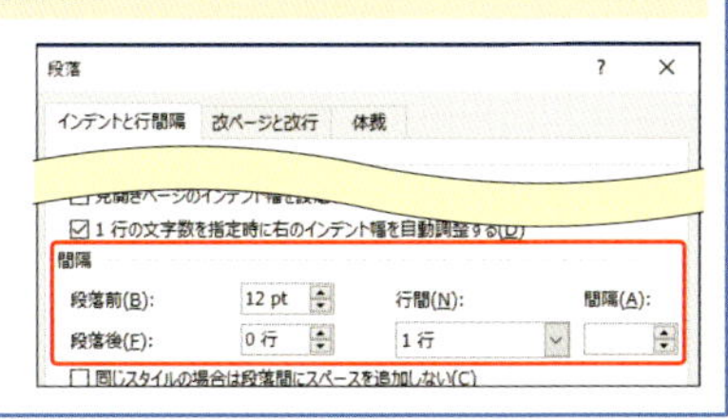

改ページ位置を設定する

ページが切り替わる位置を手動で変えたい場合は、**改ページ位置**を設定します。また、**改ページ位置の自動修正**機能を利用すると、指定した条件に従ってページを区切ることもできます。

1 改ページ位置を手動で設定する

Keyword

改ページ

文章を別のページに分けることを「改ページ」、その位置を「改ページ位置」といいます。

Hint

そのほかの設定方法

<レイアウト>タブの<区切り>の をクリックして、<改ページ>をクリックする方法もあります。

1 次のページに送りたい段落の先頭にカーソルを移動して、

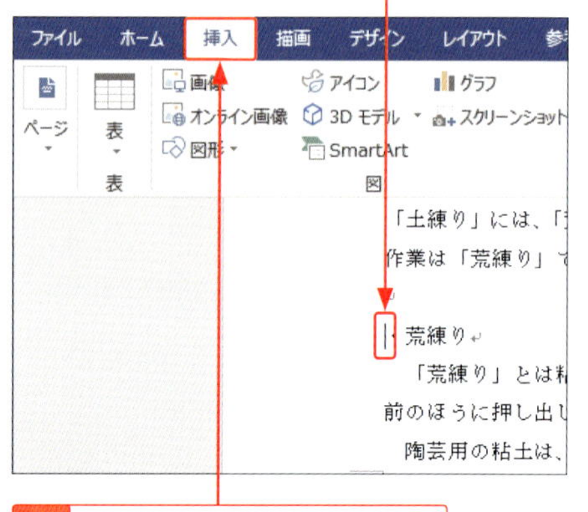

2 <挿入>タブをクリックします。

3 <ページ>をクリックし、

4 <ページ区切り>をクリックします。

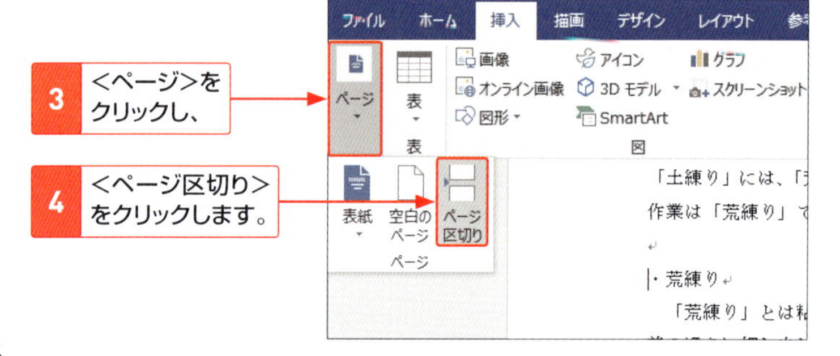

5 改ページが実行され、改ページの記号が表示されます（Memo参照）。

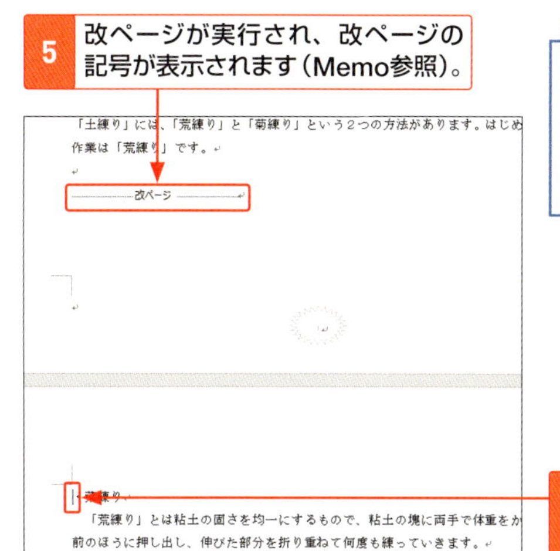

6 カーソル以降の段落が、次のページに送られます。

> **Memo**
>
> **改ページの記号**
>
> 改ページの記号が表示されない場合は、編集記号を表示します（P.52参照）。

2 改ページ位置の設定を解除する

1 改ページされたページの先頭にカーソルを移動して、

2 BackSpace を2回押します。

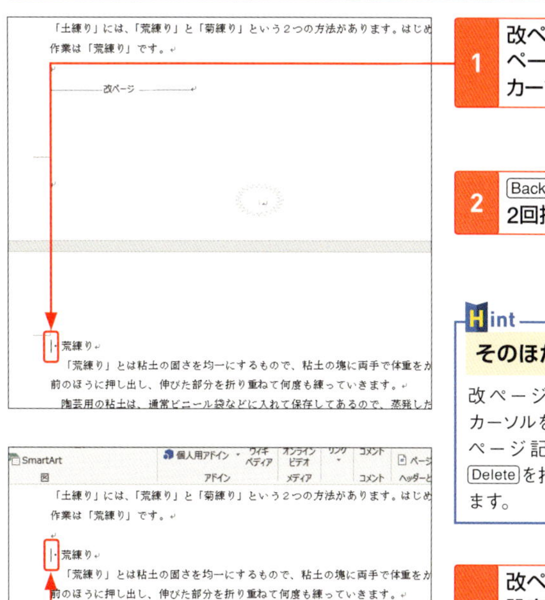

> **Hint**
>
> **そのほかの解除方法**
>
> 改ページ記号の先頭にカーソルを移動するか、改ページ記号を選択して、Delete を押しても解除できます。

3 改ページ位置の設定が解除されます。

書式をコピーする

自分で個別に設定した書式を、ほかの文字列や段落にも適用したい場合に、書式のコピー／貼り付け機能を利用すれば、いちいち同じ設定をしなくてもすみます。コピーは連続して行うこともできます。

1 書式をほかの文字列に設定する

1 書式を設定した文字列を選択して、

2 ＜ホーム＞タブの＜書式のコピー／貼り付け＞をクリックします。

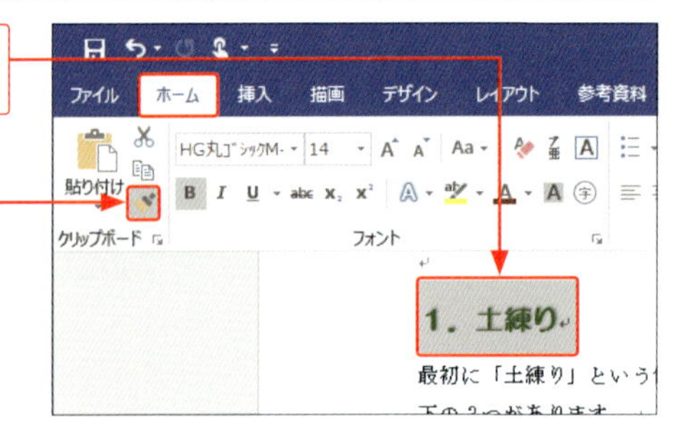

3 マウスポインターの形が の状態で設定したい文字列をドラッグすると、

2.陶芸作品の作り方「成形」
ここでは、作品の作り方を紹介します。いずれ
抜けて縮むため、少し大きめに作ることがポイ
・手びねり

4 書式がコピーされます。

2.陶芸作品の作り方「成形」
ここでは、作品の作り方を紹介します。いずれ
抜けて縮むため、少し大きめに作ることがポイ
・手びねり

Keyword

書式のコピー／貼り付け

「書式のコピー／貼り付け」は、文字列に設定されている書式だけを別の文字列に設定する機能です。

Hint

書式を解除する

書式を設定した文字列を選択して、＜ホーム＞タブの＜すべての書式をクリア＞ をクリックすると、書式が解除されます。

2 書式を連続してほかの文字列に適用する

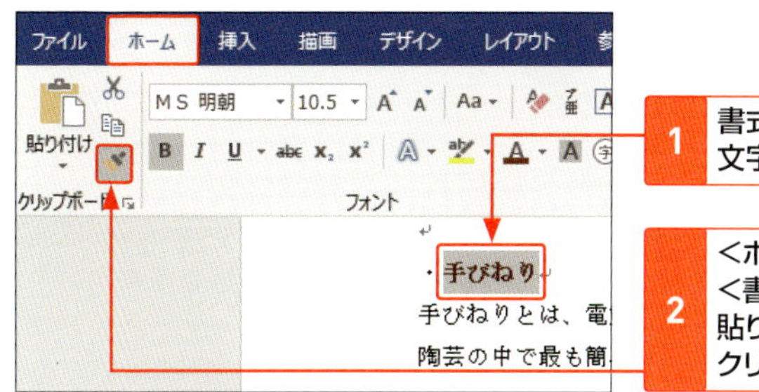

1 書式をコピーしたい文字列を選択して、

2 <ホーム>タブの<書式のコピー／貼り付け>をダブルクリックします。

・タタラ作り
タタラとは板状の粘土のことで、そのタタラをさ
ラ作りです。板状にした粘土を部品ごとに切り、
す。
・ろくろ挽き

3 マウスポインターの形が の状態で文字列をドラッグすると、

・タタラ作り
タタラとは板状の粘土のことで、そのタタラをさ
ラ作りです。板状にした粘土を部品ごとに切り、
す。
・ろくろ挽き
ろくろ挽きは左右対称な円形の器なら何でも作る
ロクロ成形では最初に「土ごろし」と呼ばれる作

4 書式がコピーされます。

5 続けて文字列をドラッグすると、

・タタラ作り
タタラとは板状の粘土のことで、そのタタラをさ
ラ作りです。板状にした粘土を部品ごとに切り、
す。
・ろくろ挽き
ろくろ挽きは左右対称な円形の器なら何でも作る

6 書式のコピーを解除するまで、書式を連続してコピーできます。

Hint

書式のコピーを終了する

コピーを終了したい場合は、Escを押すか、<ホーム>タブの<書式のコピー／貼り付け>をクリックします。

単語を登録する／削除する

変換しづらい人名や長い会社名などは、短い読みや略称などで単語登録しておくと便利です。登録した単語は、Microsoft IMEユーザー辞書ツールによって管理され、変更や編集をすることができます。

1 よく使う単語を登録する

1 登録する単語を選択して、

2 <校閲>タブの<日本語入力辞書への単語登録>をクリックします。

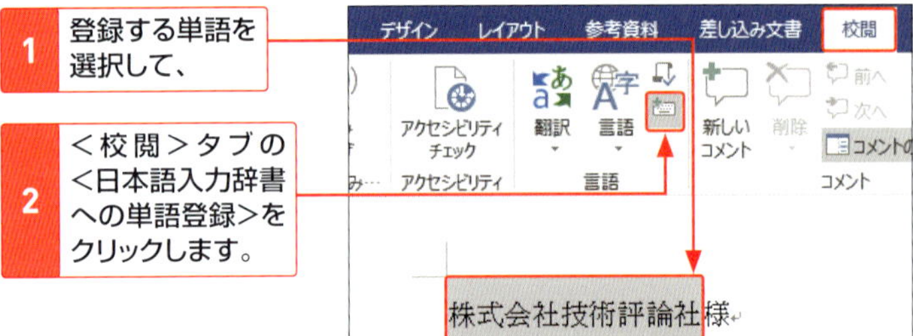

3 単語の読みを入力して、

4 該当する品詞をオンにします。

5 <登録>をクリックして、<閉じる>をクリックします。

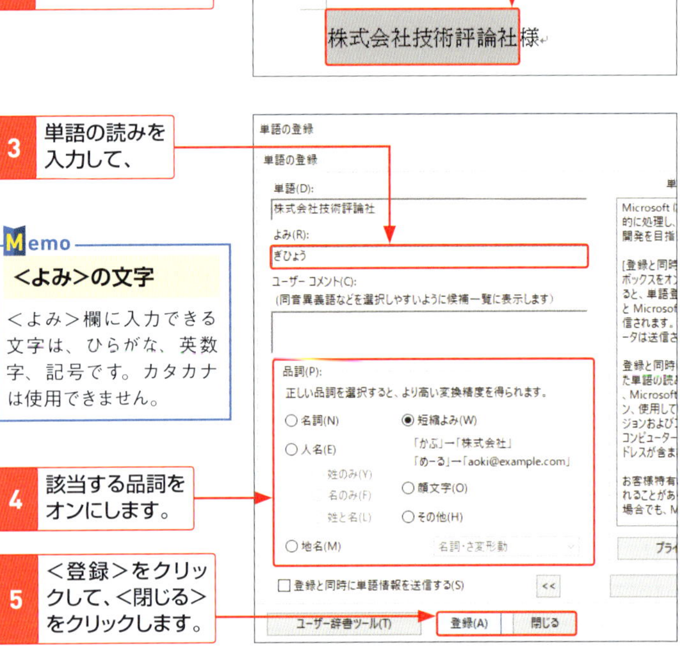

Memo

<よみ>の文字

<よみ>欄に入力できる文字は、ひらがな、英数字、記号です。カタカナは使用できません。

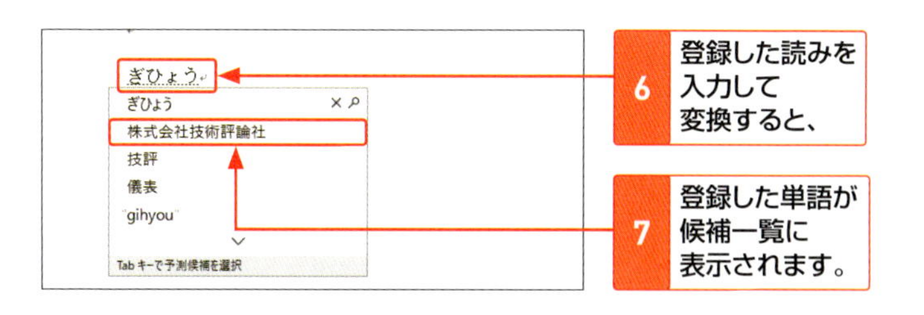

2 登録した単語を削除する

1 タスクバーの<入力モード>を右クリックして、

3 削除したい単語をクリックして、

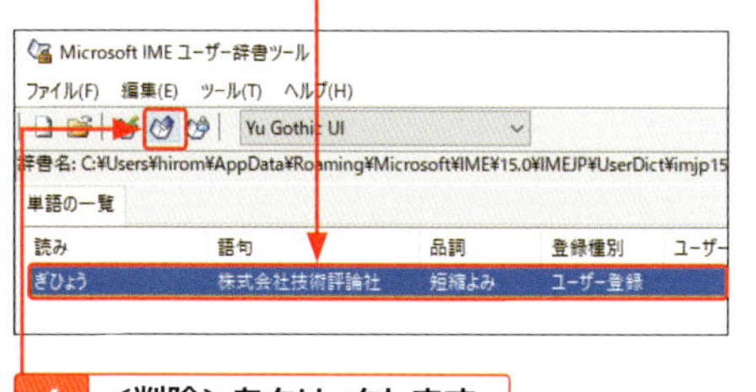

4 <削除>をクリックします。

Hint

登録した単語を変更する

手順 4 で<変更>をクリックすると、<単語の変更>画面から登録内容を変更できます。

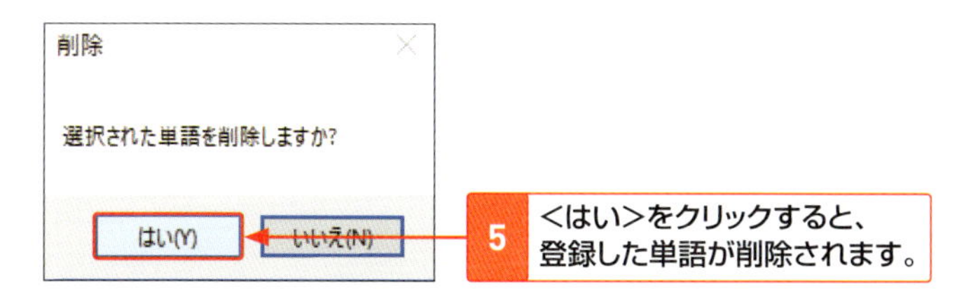

文字列を検索する／置換する

文書内の用語を探したり、ほかの文字に置き換えたい場合は、検索と置換機能を利用します。文字列の検索には<ナビゲーション>ウィンドウ、置換の場合は<検索と置換>ダイアログボックスを使います。

1 文字列を検索する

1 <ホーム>タブの<検索>の左側をクリックすると、

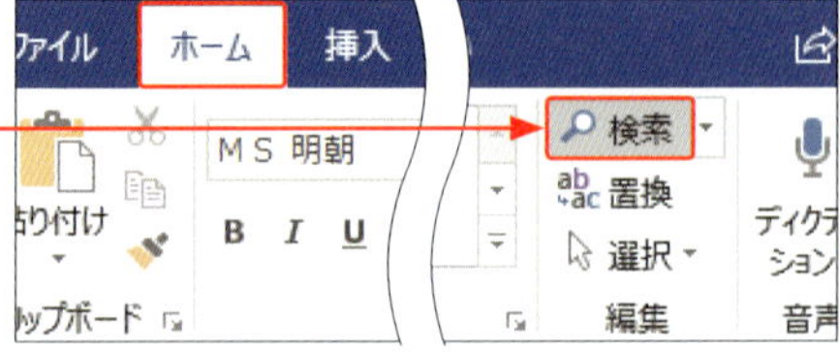

2 <ナビゲーション>ウィンドウが表示されます。

3 検索したい文字列を入力すると、

4 検索結果が表示されます。

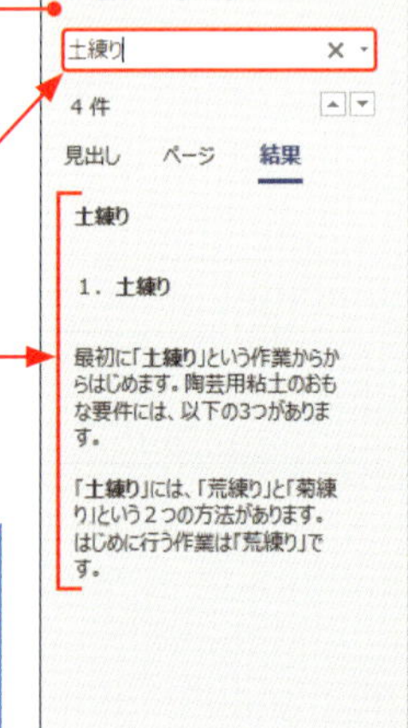

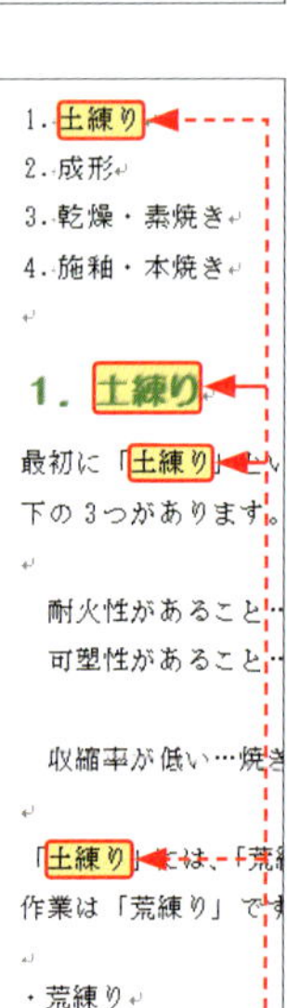

検索文字列に移動し、黄色のマーカーが引かれます。

Keyword
<ナビゲーション>ウィンドウ

<ナビゲーション>ウィンドウは、文書内の文字列や見出しなどをすばやく表示する機能です。検索結果の文字列をクリックすると、そのページに移動します。

2 文字列を書式を付けた文字列に置換する

「粘土」を書式の付いた文字に置換します。

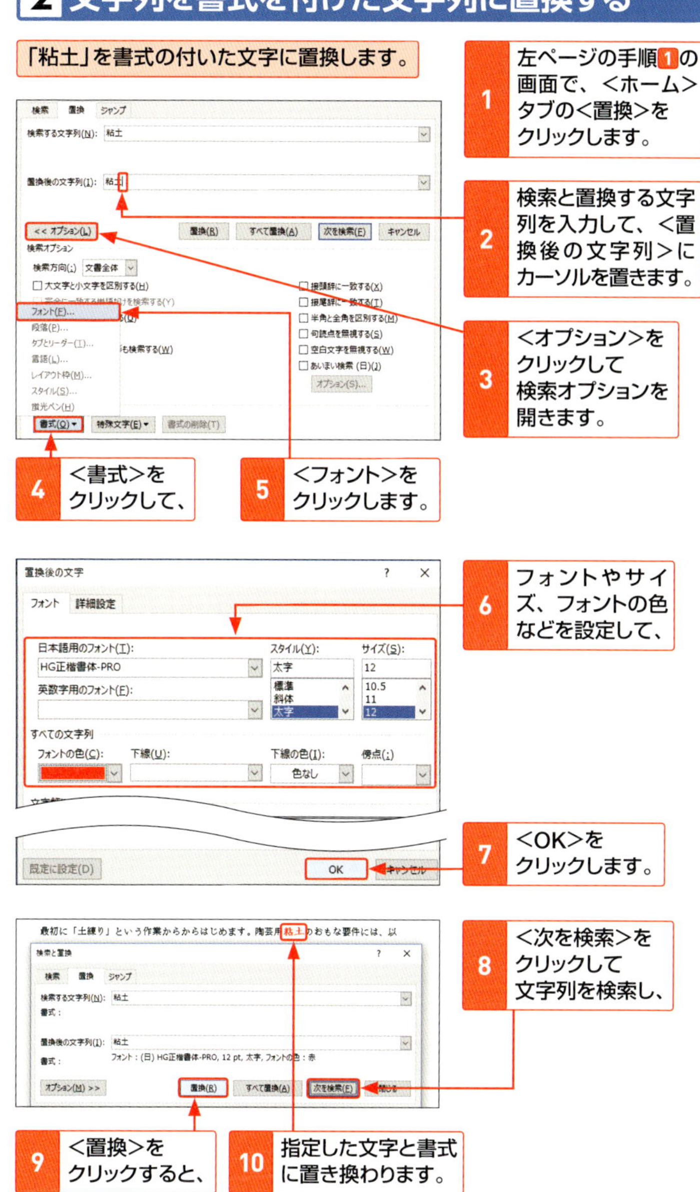

1 左ページの手順1の画面で、＜ホーム＞タブの＜置換＞をクリックします。
2 検索と置換する文字列を入力して、＜置換後の文字列＞にカーソルを置きます。
3 ＜オプション＞をクリックして検索オプションを開きます。
4 ＜書式＞をクリックして、
5 ＜フォント＞をクリックします。
6 フォントやサイズ、フォントの色などを設定して、
7 ＜OK＞をクリックします。
8 ＜次を検索＞をクリックして文字列を検索し、
9 ＜置換＞をクリックすると、
10 指定した文字と書式に置き換わります。
検索する文字列(N): 粘土
置換後の文字列(I): 粘土
置換後の文字
日本語用のフォント(T): HG正楷書体-PRO
スタイル(Y): 太字
サイズ(S): 12
フォントの色(C):

文字にふりがなを設定する

文字列にふりがな（ルビ）を付けたい場合は、<ルビ>ダイアログボックスを利用します。ふりがなの文字の変更、フォントや配置、親文字との間隔などを設定することができます。

1 文字列にふりがな（ルビ）を付ける

1 文字列（親文字）を選択して、

2 <ホーム>タブの<ルビ>をクリックします。

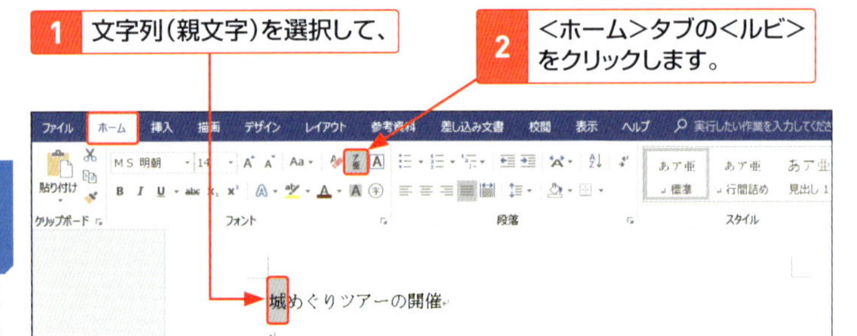

3 <ルビ>の文字を確認して（間違っている場合は修正します）、

4 <OK>をクリックすると、

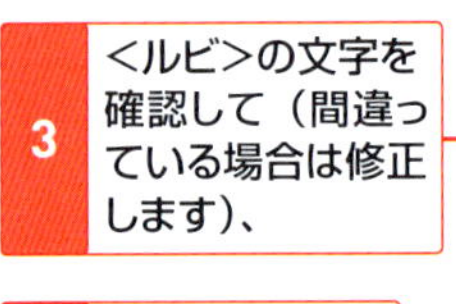

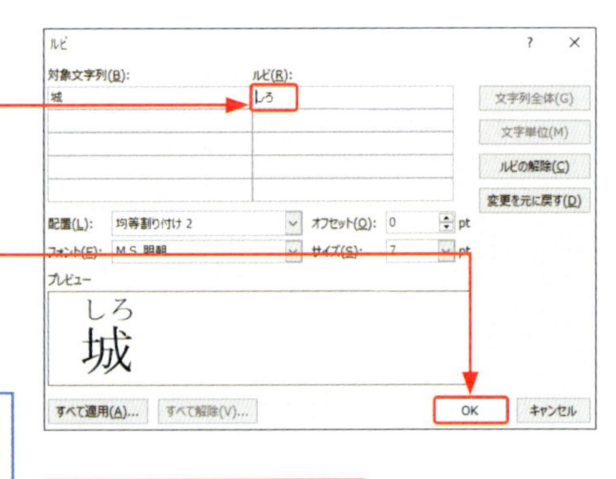

5 ふりがなが付きます。

城めぐりツアーの開催

Hint

ふりがなを削除する

ふりがなを設定した文字列を選択して、<ルビ>ダイアログボックスで<ルビの解除>をクリックすると、ふりがなが削除されます。

2 ふりがなの配置位置を変更する

分割されたふりがなを1つにして、配置を変更します。

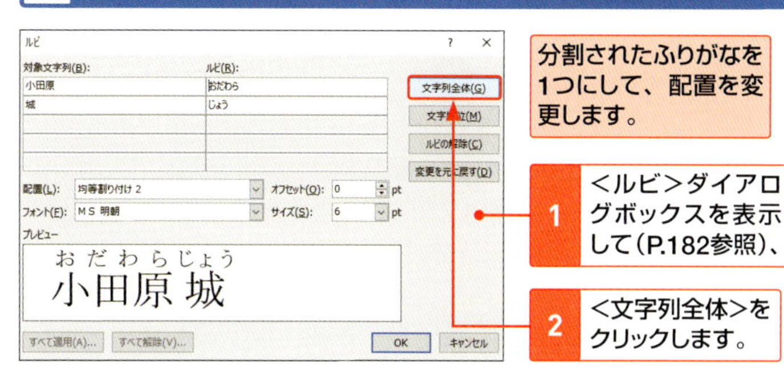

1 <ルビ>ダイアログボックスを表示して（P.182参照）、

2 <文字列全体>をクリックします。

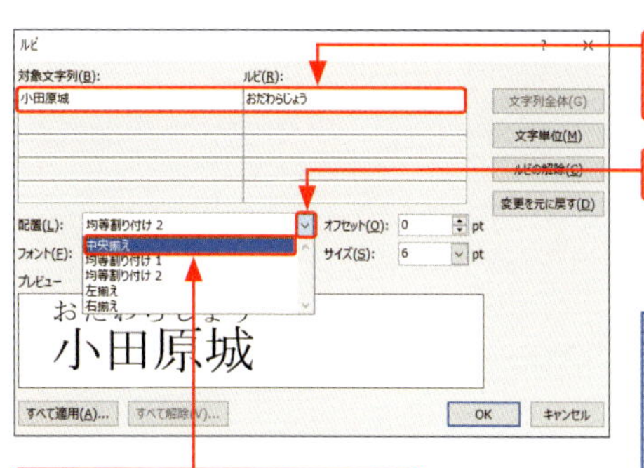

3 文字列が1つにまとまります。

4 ここをクリックして、

5 配置をクリックします（ここでは<中央揃え>）。

6 プレビューで確認して、

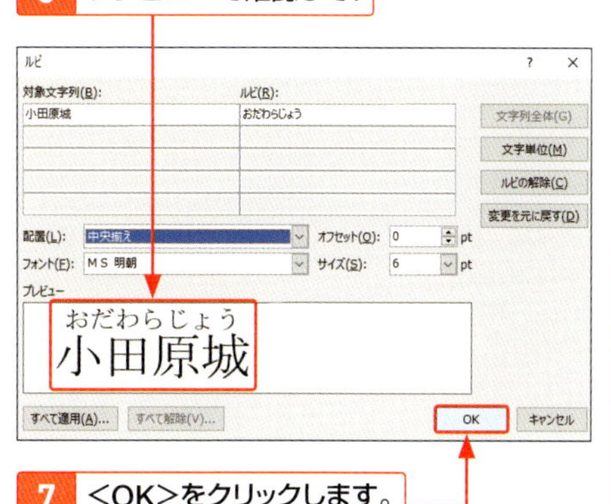

7 <OK>をクリックします。

Memo

ルビの配置

対象文字列に対して、ルビの配置として中央揃え、均等割り付け、左揃え、右揃えを設定できます。

Hint

そのほかの設定

<ルビ>画面では、フォントやオフセット（対象文字列とふりがなとの間隔）、フォントサイズを設定できます。

囲い文字・組み文字を入力する

文書に○などで囲んだ㊙や特などは、囲い文字を利用して入力します。2桁の○付き数字も囲い文字で作成できます。また、㍿などのような組み文字を入力することもできます。

1 囲い文字を挿入する

ここでは「㊞」を入力します。

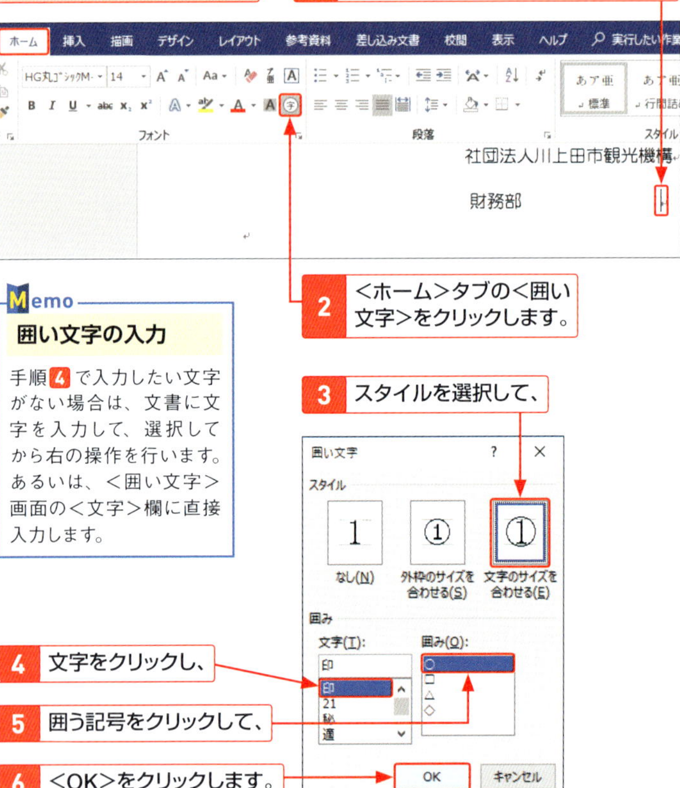

1 挿入する位置にカーソルを移動して、

2 <ホーム>タブの<囲い文字>をクリックします。

3 スタイルを選択して、

4 文字をクリックし、

5 囲う記号をクリックして、

6 <OK>をクリックします。

Memo

囲い文字の入力

手順4で入力したい文字がない場合は、文書に文字を入力して、選択してから右の操作を行います。あるいは、<囲い文字>画面の<文字>欄に直接入力します。

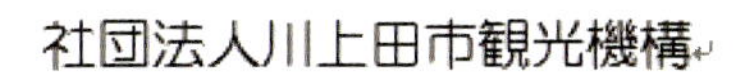

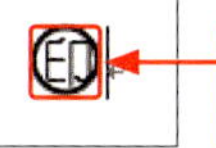

7 囲い文字が挿入されます。

2 組み文字を設定する

1 設定する文字を選択して、

2 <ホーム>タブの<拡張書式>をクリックし、

3 <組み文字>をクリックします。

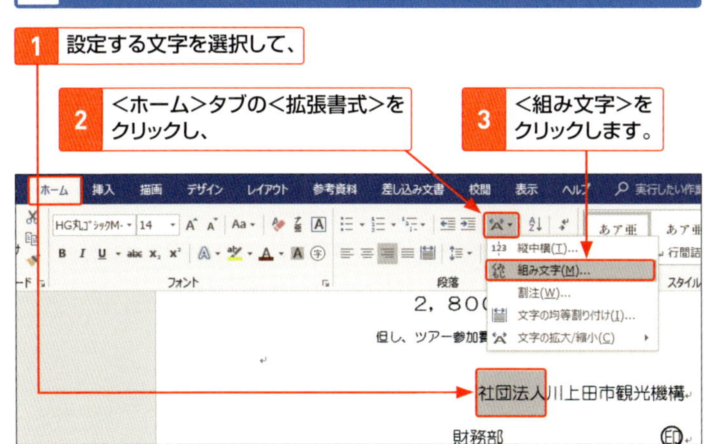

4 文字を確認して、

5 <OK>をクリックします。

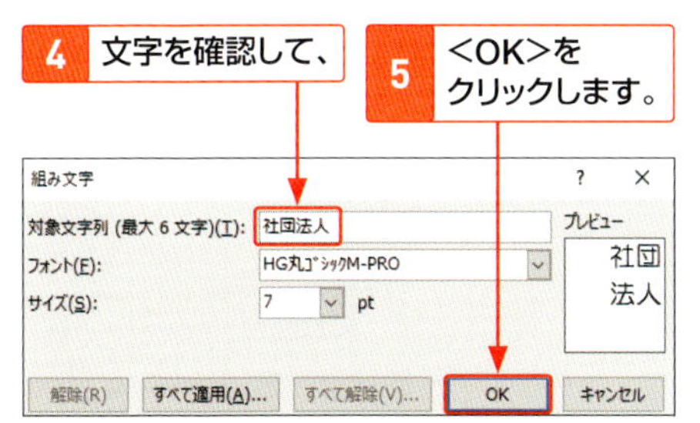

6 組み文字が設定されます。

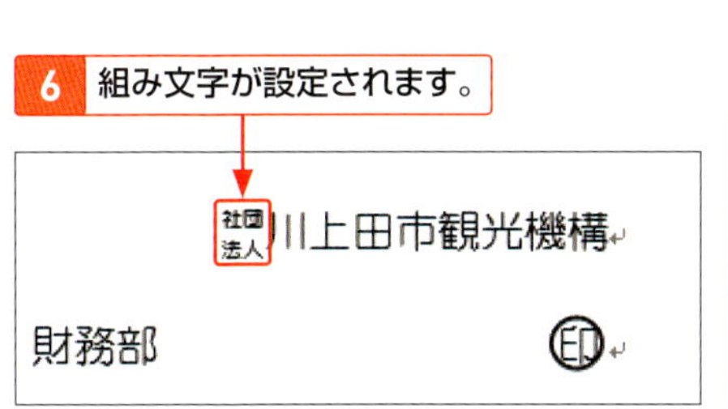

Hint

設定を解除する

組み文字を選択して、<組み文字>画面の<解除>をクリックすると、設定を解除できます。

テキストボックスを挿入する

文書内の**自由な位置に文字を配置**したいときは、**テキストボックス**を利用します。テキストボックスは、図などと同様にオブジェクトとして扱い、書式やデザインを施すことができます。

1 テキストボックスを挿入して文章を入力する

1 <挿入>タブの<テキストボックス>をクリックして、

2 <縦書きテキストボックスの描画>をクリックします。

3 マウスポインターの形が＋に変わるので、対角線上にドラッグします。

Keyword
テキストボックス

「テキストボックス」は、本文とは別に、自由な位置に文字を入力できる領域です。

Hint
横書きを挿入する

手順**2**で<横書きテキストボックスの描画>を選択すると、横書きのテキストボックスが挿入できます。または、テキストボックスを選択して、<描画ツール>の<書式>タブで<文字列の方向>をクリックします。

4 縦書きのテキストボックスが挿入されるので、

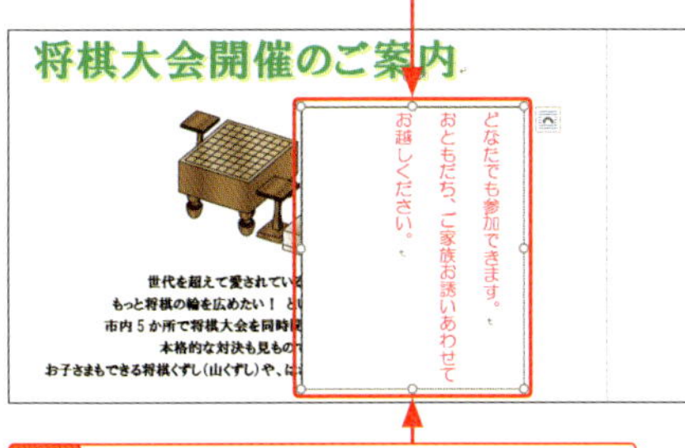

5 文章を入力して、書式を設定します。

StepUp

文章からテキストボックスを作成する

文書中の文字列を選択してから同様の操作をしても、テキストボックスを作成できます。

2 テキストボックスの周囲の文字列を折り返す

1 <レイアウトオプション>をクリックして、

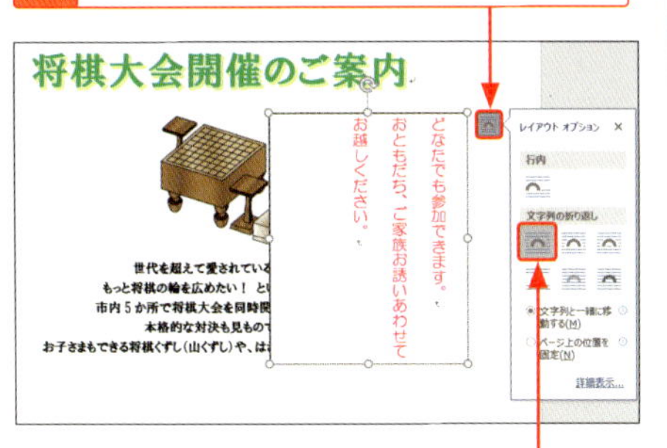

2 <四角形>をクリックすると、

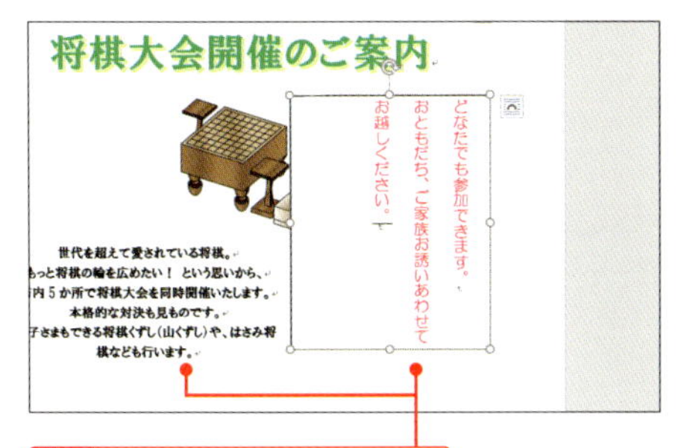

3 テキストボックスの周りに文字列が配置されます。

Memo

文字列の折り返し

テキストボックスは本文の<前面>に配置されるので、本文が見えるように配置を変更します。文字列の折り返しについては、Sec.40を参照してください。

Sec.40を参照

3 テキストボックスのサイズを調整する

Hint

テキストボックスを回転する

テキストボックスをクリックし、上部の回転ハンドル をドラッグします(P.133StepUp参照)。

1 ハンドルにマウスポインターを合わせ、⇔に変わることを確認します。

2 ドラッグして調整します。

Hint

テキストボックスを移動する

テキストボックスをクリックして、枠線上にマウスポインターを合わせ、 の形に変わったら、移動先へドラッグします。

1 マウスポインターの形が に変わります。

2 ドラッグして移動します。

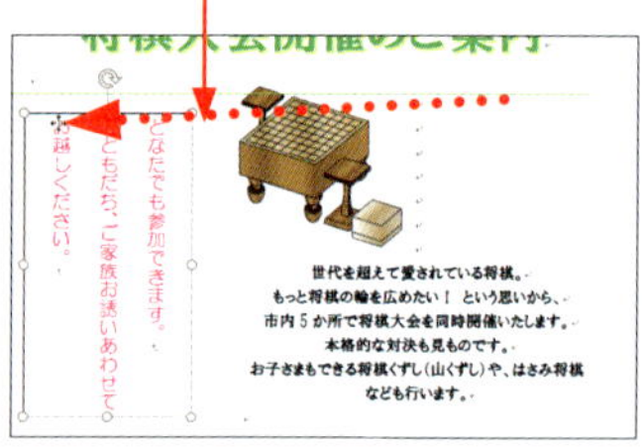

4 テキストボックスにスタイルを設定する

1 テキストボックスをクリックして、

2 ＜描画ツール＞の＜書式＞タブで＜図形のスタイル＞の＜その他＞をクリックします。

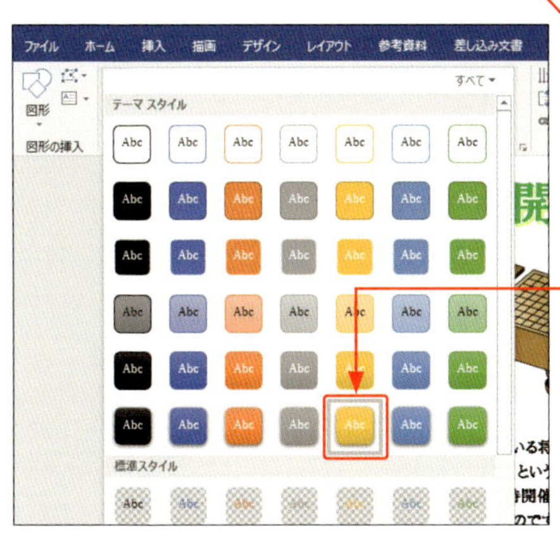

3 適用したいスタイルをクリックします。

4 スタイルが適用されます。

Hint テキストボックスのスタイル変更

テキストボックスは図形と同じオブジェクトの1つです。＜書式＞タブの＜図形の塗りつぶし＞や＜図形の枠線＞、＜図形の効果＞などで個別にスタイルを変更することもできます。詳しくは、Sec.44、45を参照してください。

INDEX 索引

た行

な行

は行

ま行

や行

ら行／わ行

お問い合わせについて

本書に関するご質問については、本書に記載されている内容に関するもののみとさせていただきます。本書の内容と関係のないご質問につきましては、一切お答えできませんので、あらかじめご了承ください。また、電話でのご質問は受け付けておりませんので、必ずFAXか書面にて下記までお送りください。
なお、ご質問の際には、必ず以下の項目を明記していただきますようお願いいたします。

1 お名前
2 返信先の住所またはFAX番号
3 書名
(今すぐ使えるかんたんmini
Word 2019基本技)
4 本書の該当ページ
5 ご使用のOSとソフトウェアのバージョン
6 ご質問内容

なお、お送りいただいたご質問には、できる限り迅速にお答えできるよう努力いたしておりますが、場合によってはお答えするまでに時間がかかることがあります。また、回答の期日をご指定なさっても、ご希望にお応えできるとは限りません。あらかじめご了承くださいますよう、お願いいたします。
ご質問の際に記載いただきました個人情報は、回答後速やかに破棄させていただきます。

■ お問い合わせの例

FAX

1 お名前
技評　太郎
2 返信先の住所またはFAX番号
03-××××-××××
3 書名
今すぐ使えるかんたんmini
Word 2019基本技
4 本書の該当ページ
30ページ
5 ご使用のOSとソフトウェアのバージョン
Windows 10 Pro
Word 2019
6 ご質問内容
手順2の画面が
表示されない

問い合わせ先

〒162-0846
東京都新宿区市谷左内町21-13
株式会社技術評論社　書籍編集部
「今すぐ使えるかんたんmini
Word 2019基本技」質問係

FAX番号　03-3513-6167

https://book.gihyo.jp/116

今すぐ使えるかんたんmini Word 2019基本技

2019年7月6日　初版　第1刷発行

著者●技術評論社編集部＋AYURA
発行者●片岡 巌
発行所●株式会社　技術評論社
東京都新宿区市谷左内町21-13
電話　03-3513-6150　販売促進部
03-3513-6160　書籍編集部
装丁●田邊 恵里香
本文デザイン●リンクアップ
編集／DTP●AYURA
担当●落合 祥太朗
製本／印刷●図書印刷株式会社

定価はカバーに表示してあります。

ISBN978-4-297-10606-5 C3055

Printed in Japan